名师名校名校长

凝聚名师共识
回应名师关怀
打造名师品牌
培育名师群体

中华传世经典

蒙川

选读

管丽　主编

北京出版集团

北京教育出版社

图书在版编目（CIP）数据

中华传世经典家训：选读 / 管丽主编. -- 北京：
北京教育出版社, 2025. 4. -- ISBN 978-7-5704-7161-4

Ⅰ. B823.1-49

中国国家版本馆CIP数据核字第2025WB6896号

中华传世经典家训：选读

ZHONGHUA CHUANSHI JINGDIAN JIAXUN: XUANDU

管丽　主编

*

北 京 出 版 集 团
北 京 教 育 出 版 社　出版

（北京北三环中路6号）

邮政编码：100120

网址：www.bph.com.cn

京版北教文化传媒股份有限公司总发行

全国各地书店经销

河北宝昌佳彩印刷有限公司印刷

*

710 mm × 1 000 mm　16开本　9印张　128千字

2025年4月第1版　2025年4月第1次印刷

ISBN 978-7-5704-7161-4

定价：58.00元

质量监督电话：（010）58572525　58572393

编 委 会

序言

做教育40余年，我除了喜欢把自己对教育的思考记录下来，结集出版，与同行分享，还时常应邀为老师们的专著写序，可谓共同成长，彼此成全。

给老师的著作写序是很荣幸的事——除了被信任和期许外，也是助益编（作）者教育追求、成果转化和思想传播的好方式。

今春，我应邀为后海小学校长陈海平编著的《后海家书》写序——《家书抵万金》。而今，我又应邀为后海小学的优秀教师代表管丽的新作《中华传世经典家训：选读》（后简称"《家训》"）写序，甚为自豪。

《家训》是管老师出版的第二本著作。

第一本专著——《守着窗儿》（东北师范大学出版社）一出版，管老师即赠予我学习，令我收获了很多。

在书中，她讲述了自己教育生涯前20年的精彩教育故事。书中关于她和文本、她和学生、她和家长、她和同行的感人故事，我至今犹记在心，我为这样的优秀教师点赞，也为曾经是她的同事而骄傲。

5年后，她的研究更加深入，研究的角度也发生了改变，从教育的源头——家庭入手。

家庭教育虽不是新课题，却是最为关键、最为重要的课题。

《礼记·大学》中修身齐家治国平天下的观点，印证了家庭教育的重要性。

家庭教育是孩子成长的基石，无时无刻不在塑造着孩子的性格、价值观和行为习惯。

中华文化源远流长，是世界上唯一没有中断的文化，这足以令我们中华儿女为之自豪。

中华文化极为重视家教，《三字经》中有"养不教，父之过……幼不学，老何为"，既强调家教的重要性，又强调从小接受教育的重要性。

从三皇五帝到唐宋元明清，再到社会主义新中国，有很多家庭教育的典型案例，至今仍在影响着我们，教育着我们，激励着我们。

《论语》、《三字经》、曾国藩家训、诸葛亮《诫子书》、《钱氏家训》等，都在影响并教育着一代代少年儿童，激励着一代代中华儿女砥砺前行，踔厉风发，并逐渐在全球产生广泛而深远的影响。

由管丽老师主持编写的《家训》，是对中华优秀家教文化的传承，更是对新时代家庭教育的新探索。

本书比较系统地梳理了历朝历代的家训，精选了其中十八则经典家训范例，具有很强的学习借鉴价值。

这本著作，不仅仅是摘编古代先贤们的家教经验，更是在学习借鉴的基础上，对这十八则家训进行了"体系化、结构化"建构。

编者组织编排了"训主简介、推荐理由、熟读成诵、读读小故事、古为今用"等板块，从"选编价值、选编要求、选编目的"三个维度进行设计。

本书既有家训历史背景介绍，又有听说读写用等实践操作；既有立德树人培养功能，又有综合素养提升路径；既有古代先贤的教育智慧，又有今时教育工作者的融合创新；既有家庭教育之功能，又有学校和社会教育之特色；既是"全员育人、全过程育人、全方位育人"的好形式，又是贯彻落实《中华人民共和国家庭教育促进法》的具体举措。

逻辑性、哲理性、教育性、操作性是本书的显著特征。

"家是最小国，国是千万家。"没有国这个大家，就没有每一个幸福的小家。国家的繁荣、富强、兴旺，需要每一个家庭里的每一个成员的共同努力。

这本《家训》，不仅是教育孩子的好读本，也是家长和教育工作者自我教育的好教材。

这本《家训》，表面上看是在学习古人，实际上是在教育今人、激励后人。

这本《家训》，是对中华文化精髓的传承，也体现了时代赋予我们的使命。

如今，在中国人正以自己的方式实现中国式现代化的征程中，在改革开放的时代背景下，在全面贯彻落实社会主义核心价值观的要求下，《家训》一书的出版，是在回答"培养什么人，为谁培养人，怎样培养人"的时代之问。

祝愿《家训》惠及千家万户，教育子孙万代，不负历史使命。

全国名校长吴希福工作室主持人，特级教师，后海小学原校长

吴希福

2024年仲夏于深圳

前言

　　"家训"是富有中国特色文化内涵的文献，承载着中华民族重视家庭治理和家庭教育的文化传统，体现着中华民族源远流长的智慧和美德。格言式传世经典家训更体现了"立德树人"的文化价值，是学校教育实现育人根本任务应该重视的文本。有了一定识字量的中、高年级小学生可以通过阅读传世家训，领略古人整齐家风、修身为人的风尚，扣好人生第一粒扣子，同时影响家庭，从而塑造个体人格和家庭美德，为幸福人生奠基。

　　从古至今，我国历代传世的家训数量繁多，这些家训又各有其特定社会背景和著者个人特色，小学生的审美和鉴别能力、时间和精力都相对有限，对于家训中的观点和观念未必都能接受。

　　基于此，我们以苏智恒主编的中华国学经典《中华传世家训》为蓝本，在尊重儿童认知规律的基础上，将中、高年级小学生耳熟能详的历史名人的家训按照训主所处历史阶段的先后顺序（范滂家训和李世民帝范除外）编排，辅以注音、译文，降低阅读和理解的难度，并附以家训推荐理由、训主简介等相关内容，添加了有助理解的小故事，不仅增添阅读的趣味性，还能拓宽读者视野，使其更好地了解家训的要义。读本也是学本，因此每则家训配贴、画、写空白框，文后附有"古为今用"的相关内容，让古训有新意，引导读者结合自身和时代需要吸纳，以便学习积累和思考感悟，形成阅读闭环。

　　"家是最小国，国是千万家。"在经典中萃取中华文明的精神和精华，在家训中阅读中华民族的智慧和美德。时代赋予学校教育立德树人根本任务，我们以"经典家训"这个"小切口"深入地践行：以个人品德培育家庭美德，以家庭美德推动社会公德，以个人修身齐家锻造社会和谐进步，以社会和谐进步推动国家昌盛繁荣。

朝代歌：三皇五帝始，尧舜禹相传。夏商与西周，东周分两段。春秋和战国，一统秦两汉。三分魏蜀吴，二晋前后延。南北朝并立，隋唐五代传。宋元明清后，王朝至此完。

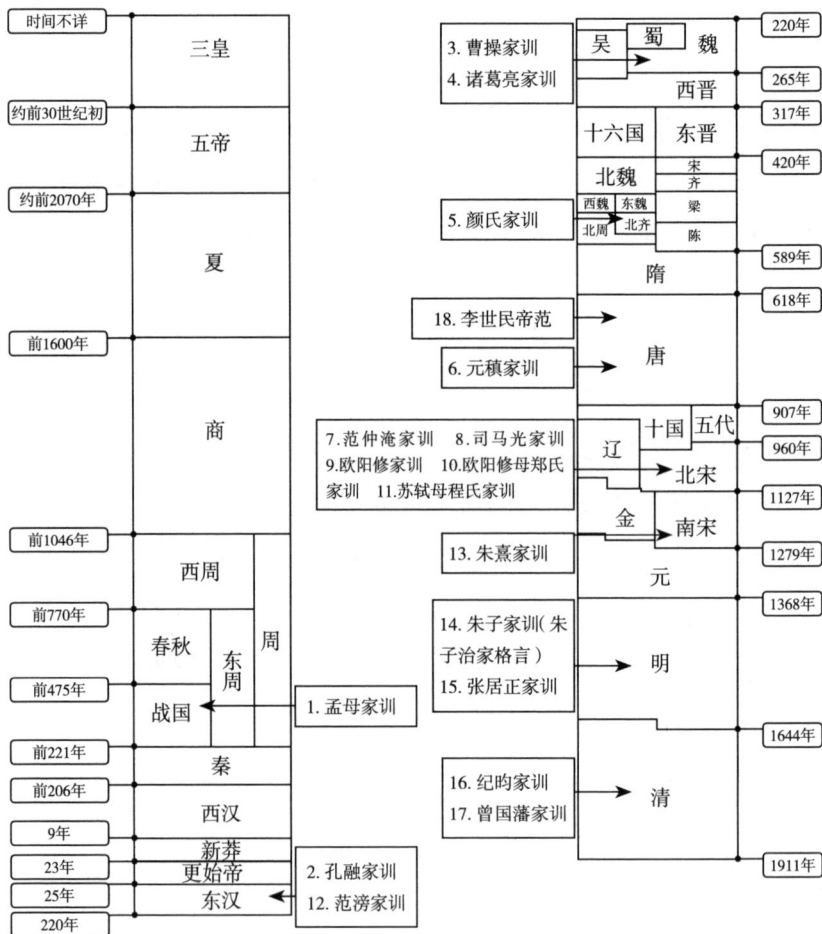

时间	朝代		家训	朝代	时间
时间不详	三皇			吴 蜀 魏	220年
			3.曹操家训 4.诸葛亮家训	西晋	265年
约前30世纪初	五帝			东晋 十六国	317年
约前2070年	夏		5.颜氏家训	北魏 宋 齐 梁 陈 西魏 东魏 北周 北齐	420年
				隋	589年
前1600年	商		18.李世民帝范	唐	618年
			6.元稹家训		
			7.范仲淹家训 8.司马光家训 9.欧阳修家训 10.欧阳修母郑氏家训 11.苏轼母程氏家训	辽 十国 五代 北宋	907年 960年
前1046年	西周		13.朱熹家训	金 南宋	1127年
				元	1279年
前770年	春秋	周 东周		明	1368年
前475年	战国		1.孟母家训		
前221年	秦		14.朱子家训（朱子治家格言） 15.张居正家训		1644年
前206年	西汉		16.纪昀家训 17.曾国藩家训	清	
9年	新莽				
23年	更始帝		2.孔融家训 12.范滂家训		
25年	东汉				1911年
220年					

目录

一　孟母家训

训主简介

请将孟母
画像贴在
这里

孟母，战国时期大思想家孟轲的母亲仉（zhǎng）氏，生卒年不详。孟母教子有方，留下了"三迁""断织"等佳话。孟轲在母亲的教诲下，勤奋自学，师事子思，遂成大儒，孟母也因此成为贤母的典范。

推荐理由

孟母教育孩子的方法，依然值得当今社会的人们学习和借鉴。

熟读成诵

huāng fèi xué yè yóu rú gē duàn jī zhī
荒废学业犹如割断机织

zǐ zhī fèi xué　　ruò wú duàn sī zhī yě　　fú jūn zǐ xué
子之 废学，　若吾断斯织也。　夫君子学

你中途荒废学业，就好像我割断这块布一样呀。君子　　求学是为

yǐ lì míng　　　　wèn zé guǎng zhì
以立名，　　问则广知，

了树立名声，获得功名和地位，勤问则是为了增长自己的才干和智慧，

shì yǐ jū zé ān níng dòng zé yuǎn hài jīn ér
是以居则安宁，动则远害。今而

他们因此才能生活得安定宁静，做起事来就可以避开祸患。现在你中途

fèi zhī shì bù miǎn yú　　sī yì ér wú yǐ lí yú huò huàn yě
废之，是不免于　厮役，而无以离于祸患也。

放弃学业，就免不了要做一个受人驱使的奴隶，而无法远离祸患了。

——节录自《女学》卷三第九十四章

读读小故事

1. 亚圣孟子事母至孝，他五十五岁时在齐国任客卿，为了报答母亲的养育教诲之恩，回故里迎接母亲到齐国共享荣华富贵。将母亲接到身边后，他每天晨昏问安，母亲生病了，他还亲自侍候汤药。次年，母亲病逝于齐国，孟子悲痛万分，抚柩归葬于老家（邹国马鞍山北麓）。为了继承并发扬光大儒学思想，辅佐齐襄王行王道，孟子不能以身殉母，就自刻了一尊石像为母亲殉葬，在乡守墓一年返齐。（出自《孟子世家谱》）

2. 在孟子很小的时候，他的父亲就去世了。他和母亲居住的地方离墓地很近，孟子便学了些为丧葬痛哭之类的事。母亲想："这个地方不适合孩子居住。"就将家搬到市集旁，离杀猪宰羊的地方很近，孟子又学了些做买卖和屠杀牲畜之类的事。母亲又想："这个地方还是不适合孩子居住。"又将家搬到学宫旁边，孟子学会了鞠躬行礼及进退礼节和知识。孟母说："这才是适合孩子居住的地方。"就在这里定居下来了。（由《孟子题辞》改写）

古为今用

积累：我记住的训诫（漂漂亮亮书写）

_____

_____

中华传世

经典家训

选读

我受到的启发（用心思考并写下来）

二　孔融家训

请将孔融
画像贴在
这里

孔融（153—208年），字文举，鲁国（今山东曲阜一带）人；东汉末年文学家；曾任北海相，时称"孔北海"；为人恃才负气，但好士，善文章，是"建安七子"之一。其所作散文文风犀利简洁，多讥讽之辞；原有文集已散佚。

推荐理由

时至今日，刚正不阿、谦让等美德依然为世人重视。

熟读成诵

yán duō lìng shì bài　　 qì lòu　　 kǔ bú mì　　 hé kuì
言 多 令 事 败，　　器 漏　苦 不 密。河 溃

话多了会导致事情失败，容器漏水是由于它不严密。河堤溃决是

yǐ　　　kǒng duān　shān huài yóu yuán xué
蚁　　 孔 端，　山 坏 由 猿 穴。

从蚂蚁在堤上筑巢开始的，山陵崩坏从猿猴逃散可以看出。

——节录自《汉魏六朝百三名家集》

读读小故事

1. 孔融四岁时，与哥哥一起吃梨，但他一直拿最小的梨吃，父亲奇怪地询问他为什么只吃小的梨，他回答说："我是小孩子，按理应该拿小的。"孔融的家人都因此对他刮目相看。（由《三字经》改写）

2. 孔融十岁那年随父亲到达京城洛阳。当时，名士李膺在洛阳任职，登门拜访者如果不是名士或者他的亲戚，守门人一般不通报。孔融想看看李膺是个什么样的人，就登门拜访。他对守门人说："我是李君的亲戚。"守门人通报后，李膺接见了他。李膺问他："请问你和我有什么亲戚关系呢？"孔融回答道："从前，我的祖先孔子和您家的祖先老子有师

生关系（孔子曾向老子请教过关于周礼的问题），因此，我和您也是世交呀！"当时很多宾客都在场，大家都对孔融的回答感到十分惊奇。后来，太中大夫陈韪来到了李膺府第，宾客把这件事告诉他，陈韪却说："小时候聪明长大后不一定聪明。"孔融立即反驳道："那么您小时候一定很聪明吧。"陈韪无话可说。李膺大笑，对孔融说："你这么聪明将来肯定能成大器。"（由《后汉书·卷七十·郑孔荀列传第六十》改写）

古为今用

积累：我记住的训诫（漂漂亮亮书写）

_____

_____

_____

_____

我受到的启发（用心思考并写下来）

_____

_____

_____

_____

三　曹操家训

请你将曹
操的画像
贴在此处

曹操（155—220年），即魏武帝，字孟德，小名阿瞒，沛国谯县［今安徽亳（bó）州］人；东汉末年政治家、军事家、诗人。其子曹丕称帝，追尊其为武皇帝。曹操善诗歌，其散文风格清新质朴，有《曹操集》行世。

推荐理由

　　曹操极有政治远见，对自己的儿子要求严格。他经常现身说法，以亲身经历来教育儿子。

熟读成诵

zhū ér lìng
诸儿令

jīn shòu chūn hàn zhōng cháng ān　　　　xiān yù shǐ　　yì ér gè wǎng
今 寿 春、汉 中、长 安，　　　先 欲 使 　一 儿 各 往

现在寿春、 汉中、 长安三个地方，我打算先各派一个儿子前往

dū lǐng zhī　　yù zé cí　xiào bù wéi wú lìng　　　yì wèi zhī yòng shuí yě
督 领 之， 欲 择 慈 孝 不 违 吾 令， 亦 未 知 用 谁 也。

督率治理，我想选择慈善孝顺不违背我命令的儿子，也不知道用谁好。

ér　　suī　xiǎo shí jiàn ài　ér zhǎng dà néng shàn　　bì　yòng zhī　wú fēi
儿 虽 小 时 见 爱，而 长 大 能 善， 必 用 之。吾 非

儿子们即使小时候受到宠爱，但若长大后拥有贤能，我一定会用他们。我

yǒu èr yán yě　bú dàn bù　sī chén lì　ér zi yì bú yù yǒu suǒ sī
有 二 言 也，不 但 不 私 臣 吏， 儿 子 亦 不 欲 有 所 私。

说一不二，不但不会对部下徇私情，对儿子也不想有所偏爱。

——节录自《曹操集》

亲爱的读者，建议你到网上搜索曹操留世的唯一书法真迹，看看他用

的是什么字体，查到了请将图片贴在下面的框中。

读读小故事

1. 曹操的儿子曹彰不喜读书，专好烈马枪戟。曹操很不高兴，批评他专尚武功："此一夫之用，何足贵也！"小曹彰听后，振振有词地回答："大丈夫当如卫青、霍去病，率十万铁骑，驰骋大漠，驱逐戎狄，怎能当一书生耳？"建安二十三年（218年），曹操命他为北中郎将，行骁骑将军。但凡出征作战，他总是一马当先，奋勇在前。（由《三国志·魏书·曹彰传》改写）

2. 有人送给曹操一头大象。他很高兴，带着儿子和官员们一同去看。这头象又高又大，身子像一堵墙，腿像四根柱子。官员们一边看一边议论："这么大的象，到底有多重呢？"曹操问："谁有办法把这头大象称一称？"有的官员说："得造一杆大秤，砍一棵大树做秤杆。"此话一出，立即有人反对："有了大秤也不成啊，谁有那么大的力气提得起这杆秤呢？"又有官员说："办法倒有一个，就是把大象宰了，割成一块一块的再称。"曹操听了直摇头。当时曹操的儿子曹冲才七岁，他站出来，说："我有个办法。先把大象赶到一艘大船上，看船身下沉多少，就沿着水面在船舷上画一条线。再把大象赶上岸，往船上装石头，直到船下沉到画线的地方为止。然后称一称船上的石头，石头有多重，大象就有多重。"曹操微笑着点点头，叫人照曹冲说的办法去做，果然称出了大象的重量。（由《三国志·魏书·武文世王公传》改写）

古为今用

积累：我记住的训诫（漂漂亮亮书写）

_____

_____

_____

_____

我受到的启发（用心思考并写下来）

_____

_____

_____

_____

四 诸葛亮家训

请你将诸葛
亮的画像贴
在此处

诸葛亮（181—234年），字孔明，三国
时期蜀汉政治家、军事家、文学家。其善计
谋，通兵法，留心世事，自比管仲、乐毅，
人称"卧龙"，著作有《诸葛亮集》。

推荐理由

诸葛亮治国有术，治家也有方。

熟读成诵

诫子书
jiè zǐ shū

fú jūn zǐ zhī xíng　jìng yǐ xiū shēn　　jiǎn yǐ yǎng dé　　fēi dàn bó
夫君子之行，静以修身，　俭以养德。非淡薄

君子的行为，用宁静来修养身心，用节俭来培养美德。不恬淡寡欲

wú yǐ　míng　zhì　　fēi níng jìng　wú　　yǐ　　zhì yuǎn fú xué
无以　明　志，非宁静　无　以　致远。夫学

就没有办法明确自己的志向，不宁静专心就没有办法达成远大的目标。学习

xū　jìng yě　cái xū　xué yě　　fēi xué wú yǐ　guǎng
须　静也，才须　学也，非学无以　广

需要内心宁静，才干需要通过学习获得，不学习就没有办法增加自己的

cái　fēi　zhì wú yǐ chéng　xué　　yín màn zé bù néng lì jīng
才，非　志无以成　学。淫慢则不能励精，

才干，没有志向就不能成就自己的学问，放纵懈怠就不能振奋精神，

xiǎn zào　zé bù néng zhì　xìng　nián yǔ shí chí　yì yǔ　rì
险躁　则不能治　性。年与时驰，意与日

内心急躁就不能修养自己的性情。年华随着时光逝去，意志随着日子

qù　　sùi　chéng kū luò　duō bù　jiē shì　bēi　shǒu
去，　遂　成 枯 落，　多 不　接 世，　悲　守

一天天消逝，就如同变枯黄的落叶，大多不能为社会所用，悲哀地守在

qióng　lú　　　jiāng fù　　　hé jí
穷　庐，　　将 复　　　何 及！

破败的房子里面，那时再来后悔，还怎么来得及！

——节录自《诸葛亮集》

jiè　wài shēng shū
诫 外 生 书

fú　　zhì dāng cún gāo yuǎn mù xiān　xián　jué qíng yù
夫　志 当 存 高 远，慕 先　贤，　绝 情 欲，

一个人的志向应当保持高远，仰慕古时的圣贤人物，断绝情欲，

qì　níng　zhì　shǐ shù jī zhī zhì　jiē rán yǒu suǒ cún　cè
弃 凝 滞，　使 庶 几 之 志，揭 然 有 所 存，　恻

不拘泥于某个范围，使贤者的志向，在身上明明白白地有所体现，让内心

rán　　yǒu suǒ gǎn rěn qū shēn qù xì suì　guǎng zī wèn
然　有 所 感；忍 屈 伸，去 细 碎，　广 咨 问，

真真正正有所感受；应能屈能伸，抛弃琐碎的东西，广泛地向人请教，

chú	xián	lìn	suī	yǒu	yān liú	hé	sǔn yú	měi qù
除	嫌	吝,	虽	有	淹 留,	何	损 于	美 趣,

除去对人的嫌恶和猜疑，即使事业有所停滞，也不会损害高尚的情趣，

hé	huàn	yú	bú	jì
何	患	于	不	济。

何必担忧事业不会成功呢。

——节录自《诸葛亮集》

读读小故事

1. 据说，汉末，黄巾起义，天下大乱，曹操坐踞朝廷，孙权拥兵东吴，汉宗室豫州牧刘备听徐庶（三国时著名谋士）和司马徽（三国时著名谋士）说诸葛亮很有学识，又有才能，就和关羽、张飞带着礼物到隆中（现今湖北襄阳市）卧龙岗去请诸葛亮帮助他开创大业。

他们一行人来到诸葛亮居住的草庐前，恰巧诸葛亮出去了，刘备只得失望地转身回去。不久，刘备又和关羽、张飞冒着风雪去请诸葛亮，不料诸葛亮又外出闲游去了。张飞本不愿意再来，见诸葛亮不在家，就催着要回去。刘备只得留下一封信，表达了自己对诸葛亮的敬佩和请他出来帮助自己挽救国家危险局面的意思。

过了一些时候，刘备特意吃了三天素，准备再去请诸葛亮。关羽说诸葛亮也许是徒有虚名，未必有真才实学，不用去了；张飞则主张由他独自去请，如诸葛亮不来，就用绳子把他捆来。刘备摇头，执意和他俩一同第

三次拜访诸葛亮。

他们三人到草庐时，诸葛亮正在睡觉。刘备不敢惊动他，一直站到诸葛亮自己醒来，才坐下谈话。诸葛亮见到刘备有志替国家做事，而且诚恳地请自己帮助，就同意全力帮助刘备。这就是著名的"三顾茅庐"的故事。（由《三国志·蜀志·诸葛亮传》改写）

2. 诸葛亮是蜀国的军师，素以善于指挥战斗而著称。

有一次，魏国得知蜀国的战略要地西城兵力薄弱，只有不到一万士兵，就派大将司马懿率领十几万士兵前去攻打。蜀国西城的将士得知魏国的军队正迅速向西城赶来后，都非常紧张，谁都知道，以一万士兵抵挡十几万敌人，如以卵击石，必败无疑，可是调集军队增援已来不及。西城危在旦夕，大家都把希望寄托在足智多谋的军师诸葛亮身上。

诸葛亮苦思冥想，终于想出一个万全之策。他命令城内的平民和士兵全部撤出，暂时躲避到一个安全的地方，然后大开城门，等候敌人的到来。

魏国大将司马懿不久即带兵包围了西城，但令他吃惊的是，本应戒备森严的西城却城门大开，城墙上也看不到一个守卫的士兵，只有一个老头在城门前扫地。正在他大惑不解的时候，城楼上出现了一个人，正是他的老对手诸葛亮。只见诸葛亮不慌不忙地整理了一下自己的衣服，在一架预先放好的古琴前坐下来，随即，悠扬的琴声从城楼上传来。

魏国的将士都愣住了，在大军围城的危急关头，蜀国的军师诸葛亮却弹起了琴，大家都不知道这是怎么回事。面对开着的城门和弹琴的诸葛亮，老奸巨猾的司马懿一时不知如何是好。他想，城里必定埋伏了大量兵马，不然诸葛亮不会如此悠闲自得。这时，只听得城楼上传来的琴声由舒缓渐渐变得急促起来，仿佛暴风雨就要来临一般。司马懿越听越不对劲，他怀疑这是诸葛亮发出的调动军队反攻的信号，于是急忙下令撤退。就这样，蜀国的西城没有用一兵一卒就得以保全。这就是诸葛亮有名的"空城计"。（由《三国演义》改写）

古为今用

积累：我记住的训诫（漂漂亮亮书写）

_____

_____

_____

_____

我受到的启发（用心思考并写下来）

_____

_____

_____

_____

五　颜氏家训

请将颜之推的画像贴在此处

颜之推（531—约591年），字介，生于江陵（今湖北省江陵县），祖籍琅琊临沂（今山东省临沂市），中国古代文学家、教育家。

学术上，颜之推博学多识，一生著述甚丰，但所著书大多已亡佚，今存《颜氏家训》和《还冤志》两书，《急就章注》《证俗音字》和《集灵记》有辑本。

推荐理由

《颜氏家训》是中国最著名、最有影响力的一部家训，全书共七卷二十篇，内容涉及许多领域，强调教育应以儒学为核心，尤其应注重孩子的早期教育。

熟读成诵

yán shì jiā xùn
颜氏家训

fú xué zhě suǒ yǐ qiú yì ěr　　jiàn rén dú shù shí juàn shū　biàn zì gāo dà
夫学者所以求益耳。见人读数十卷书，便自高大，

学习是为了 有所收获。看到有的人读了几十卷书，就自高自大，

líng hū zhǎng zhě　qīng màn tóng liè　rén jí zhī rú chóu dí　　wù zhī rú chī xiāo
凌忽长者，轻慢同列。人疾之如仇敌，恶之如鸱枭。

冒犯长辈，看不起同辈人。人们像厌恶仇人，厌恶恶鸟鸱枭一样

rú cǐ　yǐ xué　　　zì　sǔn　bù rú wú xué yě
如此以学 自损，不如无学也。

厌恶这种人。像这样用学到的东西使自己受损，还不如不学习。

gǔ zhī xué zhě wèi jǐ　　yǐ　　bǔ bù zú yě　　jīn zhī xué zhě wèi
古之学者为己，　以　　补不足也；　今之学者为

古人学习是为提高自己，用学习来弥补自己的不足；现在人学习是为给

rén　　dàn néng shuō zhī yě　gǔ zhī xué zhě wèi rén　xíng dào yǐ lì shì yě
人，　但能说之也。古之学者为人，行道以利世也；

别人看，只求能说会道。古人学习为别人，做有利于社会的事；

jīn zhī xué zhě wèi jǐ　　　xiū shēn yǐ qiú jìn yě　fú xué zhě yóu　zhòng
今之学者为己，　　修身以求进也。夫学者犹　种

现在的人学习为自己的利益，进修的目的是做官。学习　好比种

shù yě　chūn wán qí huá　qiū dēng qí shí　jiǎng lùn wén zhāng
树也，春玩其华，秋登其实；讲论文章，

树，　春天赏玩它的花朵，秋天收获它的果实；讲说、讨论文章，

chūn huá yě　xiū shēn lì xíng　qiū shí yě
春华也，修身利行，秋实也。

就像赏玩春天的花朵，修身利言行，就像收获果实。

rén shēng xiǎo yòu　jīng shén　zhuān lì　zhǎng chéng yǐ hòu sī　lǜ
人生小幼，精神专利，长成已后，思虑

人在幼年的时候，神神专注、敏锐，　长大成人之后，精神涣散，

sàn yì　gù xū zǎo　jiào　wù shī　jī yě
散逸，固须早教，勿失机也。

难以专心，所以需要在幼年的时候进行教育，千万不要错过这个大好时机。

wú qī suì shí　　sòng líng guāng diàn fù　　　zhì yú jīn rì　　shí nián yì lǐ

吾七岁时，　诵《灵光　殿赋》，至于今日，十年一理，

我七岁的时候，背诵《灵光殿赋》，　一直到今天，十年后再温习此文，

yóu bù　yí wàng　èr shí zhī wài　　suǒ sòng jīng shū　yí yuè fèi zhì　　biàn zhì

犹不　遗忘；二十之外，　所诵经书，一月废置，　便至

仍然不会遗忘；二十岁以后，所背诵的经书，一个月不接触，就忘得

huāng wú yǐ rán　rén yǒu　kǎn lǎn　　　　　shī yú shèng nián　　yóu dāng

荒芜矣。然　人有　坎壈，　　　失于盛年，　犹当

差不多了。当然，人总有困顿的时候，壮年时失去了求学的机会，更应当

wǎn　　　　　　xué　　bù kě zì qì

晚　　　　　学，　不可自弃。

在晚年时抓紧时间学习，不可自暴自弃。

——节录自《颜氏家训》卷三勉学第八

请你去网上搜索《颜氏家训》元刻本图片，并将搜到的图片贴在此处。

读读小故事

1.一个盲人到亲戚家做客，天黑后，他的亲戚好心地为他点了个灯笼，说："天晚了，路黑，你打个灯笼回家吧！"盲人火冒三丈："你明知道我看不见，还给我打个灯笼照路，不是嘲笑我吗？"他的亲戚说："你在路上走，许多人也在路上走，你打着灯笼，别人可以看到你，就不会把你撞倒了。"盲人一想，对呀！

盲人打着灯笼上路，没想到走到半路就被人撞倒了。他很生气地对那人说："你的眼睛也瞎了吗？为何把我撞倒？"路人回答："对不起，我没有看到你。"盲人大惑不解："我明明打着灯笼，为什么你看不到我呢？"路人说："灯笼里的火早就熄灭了啊！"（出自《佛教故事》）

2.哥伦布发现美洲大陆后，许多人认为哥伦布只不过是凑巧，任何人只要有他一样的运气，都可以发现新大陆。于是，在一个盛大的宴会上，一位贵族向他发难道："哥伦布先生，我们谁都知道，美洲就在那儿，你不过是凑巧先上去了而已！如果我们去，我们也会发现的。"

面对刁难，哥伦布不慌不乱，他灵机一动，拿起了桌子上的一个鸡蛋，对大家说："诸位先生女士，你们谁能够把鸡蛋立在桌子上？"

大家跃跃欲试，却一个个败下阵来。哥伦布微微一笑，拿起鸡蛋，在桌子上轻轻一磕，就把鸡蛋立在那儿了。哥伦布随后说："是的，发现美洲大陆确实不难，就像立起这个鸡蛋一样容易。但是，诸位，在我立起它之前，你们谁又做到了呢？"（出自《哥伦布探险故事》）

古为今用

积累：我记住的训诫（漂漂亮亮书写）

_____

_____

_____

_____

我受到的启发（用心思考并写下来）

_____

_____

_____

_____

六　元稹家训

请你将元
稹的画像
贴在此处

元稹（779—831年），字微之，今河南洛阳人，唐朝著名诗人。其诗名早著，与白居易齐名，世称"元白"；著有《元氏长庆集》，其所作传记《莺莺传》（又名《会真记》），为后来《西厢记》底本。

推荐理由

元稹十分重视对子侄晚辈的教育，常常用自己的经验教训启迪后人，鼓励后人奋发努力。

熟读成诵

huì zhí děng shū
诲侄等书

wú jiā shì jiǎn pín xiān rén yí xùn cháng kǒng zhì chǎn dài
吾 家 世 俭 贫， 先 人 遗 训， 常 恐 置 产 怠

我们元氏家族世世代代节俭贫困，先辈传下祖训，常担心多置田产会使

zǐ sūn gù jiā wú qiáo sū zhī dì ěr suǒ xiáng
子孙， 故 家无 樵 苏 之 地， 尔所 详

子孙懒惰松懈，所以我们家连可供打柴割草的山地也没有，这是你们熟

yě wú qiè jiàn wú xiōng zì èr shí nián lái yǐ xià shì zhī lù chí jiǒng jué zhī
也。 吾窃见吾兄 自二十 年 来，以下士之禄， 持 窘 绝 之

知的。我曾见到我兄长这二十年来，以低薄的俸禄，维持穷困至极的

jiā qí jiān bàn shì qǐ gài jī yóu yǐ xiāng
家， 其间半是 乞丐 羁游， 以相

家庭生活，其中有一半是靠兄长求人资助和在外劳碌奔波，才勉强维持家

jǐ zú
给足。

里的开支用度。

wú shàng yǒu xuè chéng　jiāng gào yú rǔ　wú yòu　fá　qí yí
吾 尚 有 血 诚， 将 告 于 汝： 吾 幼 乏 岐 嶷，

我还有出自内心深处的话要告诉你们：我从小并没有聪明的头脑，

shí suì　zhī fāng　shì shí　shàng zài fèng xiáng　měi jiè shū yú qí cāng
十 岁 知 方……是 时 尚 在 凤 翔， 每 借 书 于 齐 仓

十岁时才懂得道理……那时，我 尚 在 凤 翔， 常 到 齐仓

cáo jiā　tú bù　zhí juàn jiù lù zǐ fū shī shòu xī xī　qín qín　qí
曹 家， 徒 步 执 卷 就 陆 姊 夫 师 授，栖 栖 勤 勤， 其

曹家借书，徒步远行到陆姓姐夫家拜师求教，劳碌奔波，勤奋于学，就

shǐ yě　ruò　cǐ　zhì nián shí wǔ　dé míng jīng jí dì　yīn pěng
始 也 若 此。 至 年 十 五， 得 明 经 及 第， 因 捧

这样开始了读书生涯。到十五岁的时候，我科举考中了明经科，于是捧着

xiān rén jiù shū yú xī chuāng xià zuān yǎng chén yín　jǐn yú bù kuī yuán jǐng yǐ
先 人 旧 书 于 西 窗 下， 钻 仰 沉 吟， 仅 于 不 窥 园 井 矣。

先人的旧书 在西窗下诵读， 深入探究和深思， 用功之勤，几乎足不出户。

jīn rǔ děng fù mǔ tiān dì　xiōng dì chéng háng　bù yú cǐ shí pèi fú shī shū
今 汝 等 父 母 天 地， 兄 弟 成 行 ， 不 于 此 时 佩 服 诗 书，

现如今你们的父母尚在，兄弟众多，不在这个时候发愤攻读诗书，

yǐ qiú róng dá　qí wéi rén yé　qí yuē rén yé　wú yòu yǐ wú xiōng suǒ shí
以 求 荣 达， 其 为 人 耶？ 其 曰 人 耶？ 吾 又 以 吾 兄 所 识

以求荣耀显达，那还算人吗？那还可以叫人吗？我又认为我哥哥的认识见

yì shè huǐ yóu　　　　rǔ děng chū rù yóu cóng　　yì yí qiè shèn

易 涉 悔 尤，　　汝 等 出 入 游 从 ，亦 宜 切 慎 。

解容易产生悔恨和过失，所以你们平日交友结伴，也应当谨慎从事才对。

——节录自《元氏长庆集》

读读小故事

　　元稹与白居易齐名，都是唐代的大诗人，他们诗歌的理论观点相近，共同提倡"新乐府运动"，因此结成了莫逆之交，世人将他们并称为"元白"。两人之间经常有诗歌唱和，即使两人分处异地，也经常有书信往来，并发明了"邮筒传诗"。一次，元稹出使到东川，白居易与好友李建同游慈恩寺，席间他想念元稹，就写下了《同李十一醉忆元九》："花时同醉破春愁，醉折花枝作酒筹。忽忆故人天际去，计程当日到梁州。"而此时正在梁州的元稹也在思念白居易，他在同一天晚上写了一首《梁州梦》："梦君同绕曲江头，也向慈恩院院游。亭吏呼人排去马，忽惊身在古梁州。"（出自《诗坛趣话》）

古为今用

　　积累：我记住的训诫（漂漂亮亮书写）

_____

_____

_____

我受到的启发（用心思考并写下来）

_____

_____

_____

_____

七　范仲淹家训

请你将范仲淹的画像贴在此处

　　范仲淹（989—1052年），字希文，苏州吴县（今属江苏省苏州市）人，北宋时期杰出的政治家、文学家。他为官清正，生活俭朴，曾用自己的薪俸买田千亩，赡养族中穷人。其晚年所作的《岳阳楼记》，有"先天下之忧而忧，后天下之乐而乐"之语，为千古传诵。谥号"文正"，著有《范文正公集》。

推荐理由

范仲淹有四个儿子：纯祐、纯仁、纯礼、纯粹，都有名于时。范仲淹对诸子及弟侄要求严格，家训论述也比较全面深刻。

熟读成诵

gào zhū zǐ jí dì zhí
告 诸 子 及 弟 侄

jiāng jiù dà duì chéng　　wú dào zhī fēng cǎi　　yí qiān xià jīng wèi
将 就 大 对，诚　　　　吾 道 之 风 采，宜 谦 下 兢 畏，

将要参加殿试，诚恳地展现我们思想的风采，要谦虚谨慎，

yǐ fù shì　　　　wàng
以 副 士　　　　望。

对得起读书人的声誉。

xián dì qǐng kuān xīn jiāng xī　　suī qīng pín　　dàn shēn ān wéi zhòng　jiā
贤 弟 请 宽 心 将 息，虽 清 贫，但 身 安 为 重。家

弟弟请放宽心休息，家虽清贫，但以身体健康为重。家庭

jiān kǔ dàn　　shì zhī cháng yě　shěng qù rǒng kǒu　　　　kě yǐ
间 苦 淡，　士 之 常 也，省 去 冗 口　　　　可 矣。

里贫苦与平淡，是士人的常态，省去多余闲散之口（指奴仆）是可以的。

qǐng duō zhuó gōng fu kàn dào shū　jiàn shòu ér kāng zhě　wèn qí　　　suǒ
请 多 著 工 夫 看 道 书，见 寿 而 康 者，问 其　　　所

请多花点儿时间阅读佛道典籍，见到健康长寿的人，向他请教健康长寿

yǐ　　　zé yǒu suǒ dé yǐ
以，　则 有 所 得 矣。

的秘诀，就一定会有收获的。

——节录自《诫子通录》

读读小故事

　　范仲淹治家甚严，他教导子女做人要正心修身、积德行善，范氏家风清廉俭朴、乐善好施。一次，范仲淹让次子范纯仁自苏州运麦子去四川。范纯仁回来时碰见熟人石曼卿，得知他逢亲之丧，无钱运柩返乡，便将一船的麦子全部送给了他，助其还乡。范纯仁回到家中，没敢提及此事。范仲淹问他在苏州遇到朋友没有，范纯仁回答说："路过丹阳时，碰到了石曼卿，他因亲人丧事，没钱运柩回乡，而被困在那里。"范仲淹立刻说

道："你为什么不把船上的麦子全部送给他呢？"范纯仁回答说："我已经送给他了。"范仲淹听后，对儿子的做法感到高兴，并夸奖他做得对。

（出自《中国廉政文化历史故事》）

古为今用

积累：我记住的训诫（漂漂亮亮书写）

_____

_____

_____

_____

我受到的启发（用心思考并写下来）

_____

_____

_____

_____

八　司马光家训

请你将司马
光的画像贴
在此处

司马光（1019—1086年），字君实，陕州夏县（今山西省夏县）涑水乡人，世称"涑水先生"。他是北宋时期著名的政治家、史学家和文学家，有《潜虚》《稽古录》《涑水记闻》《温国文正司马公文集》等传世。他主编的《资治通鉴》，是我国重要的编年史著作。

推荐理由

司马光给儿子司马康写信，让儿子把清白家风传下去。儿子不负所望，自幼品行端正，聪敏好学，博古通今，历任校书郎、著作佐郎兼侍讲，为人廉洁，恪守家风。

熟读成诵

jiǎn shì lì shēn zhī běn
俭是立身之本

fú jiǎn zé guǎ yù　　　　jūn zǐ　　　guǎ yù　　zé bú　　yì yú　wù
夫 俭 则 寡 欲。 君 子　　寡 欲， 则 不　役 于　物，

节俭就能减少欲望。有德行的君子欲望少，就不会为外物所役使，

kě yǐ zhí dào érxíng　xiǎo rén guǎ yù　　zé néng jǐn shēn　jié yòng　　yuǎn
可 以 直 道 而 行； 小 人 寡 欲， 则 能 谨 身 节 用， 远

可以正直地行于世间；普通人欲望少，就能保持谨慎，节约用度，不去

zuì　　fēng jiā
罪 丰 家。

犯罪而使家境丰裕。

jìn shì kòu lái gōng háo chǐ guàn yì shí　rán yǐ gōng yè dà　rén mò
近世寇莱公豪侈冠一时，然以功业大，人莫

本朝莱国公寇准生活豪华奢侈当世第一，然而因他功劳大，没有人

zhī fēi　　　zǐ sūn xí qí jiā fēng　jīn duō qióng kùn　qí yú yǐ jiǎn lì míng
之非，　　　子孙习其家风，今多穷困。其余以俭立名，

非议他，但其子孙继承奢侈家风，现在大多穷困。此外，以节俭立声名、

yǐ chǐ　zì bài　　zhě duō yǐ　　bù kě　biàn shǔ　liáo　jǔ shù rén yǐ xùn rǔ
以侈自败　者多矣，不可　偏数，聊举数人以训汝。

以奢侈而自我毁坏的人很多，不可能一一列举，只是略举数例以告诫你。

rǔ fēi tú shēn dāng fú xíng dāng yǐ xùn rǔ zǐ sūn　　shǐ　　zhī qián bèi
汝非徒身当服行，当以训汝子孙，　使　　知前辈

你不但要自己照着做，还要用它去训诫子孙后代，使他们个个知道前辈们

zhī　fēng sú yún
之　风俗云。

崇尚节俭的风尚。

——节录自《温国文正司马公文集》

读读小故事

1. 有一次，司马光跟小伙伴们在后院里玩耍。院子里有一口大水缸，有个小孩爬到缸沿上玩，一不小心，掉到了水缸里。缸大水深，眼看那孩子快溺水了。别的孩子一见出了事，吓得边哭边喊，跑到外面向大人

求救。司马光却急中生智，从地上捡起一块大石头，使劲向水缸砸去。"砰"的一声，水缸破了，缸里的水流了出来，掉进缸里的小孩也得救了。这个偶然的事件使小司马光出了名，东京和洛阳有人把这件事画成图画，被广泛流传。（由《宋史》改编）

2. 司马光要卖一匹马，这匹马毛色纯正漂亮，高大有力，性情温顺，只可惜夏季时会生肺病。司马光对管家说："这匹马夏季会生肺病，这一定要告诉给买主。"管家笑了笑说："哪有人像您这样的呀？我们卖马怎能把人家看不出的毛病说出来？"司马光可不认同管家这种看法，对他说："一匹马事小，对人不讲真话，坏了做人的名声事大。我们做人必须得讲诚信，要是我们失去了诚信，损失将更大。"管家听后惭愧极了。（出自《中华历史故事》）

3. 司马光有一个老仆，一直称呼他为"君实秀才"。一次，苏轼来到司马光府邸，听到仆人的称呼，不禁好笑，戏谑曰："你家主人不是秀才，已经是宰相，大家都称之为'君实相公'！"老仆大吃一惊，以后见了司马光，都毕恭毕敬地尊称其为"君实相公"，并高兴地说："幸得苏大学士教导我……"司马光无奈叹道："我家这个老仆，活活被子瞻教坏了。"（出自张岱《夜航船》卷五伦类部，原名"温公二仆"）

古为今用

积累：我记住的训诫（漂漂亮亮书写）

_____

_____

_____

_____

我受到的启发（用心思考并写下来）

_____

_____

_____

_____

九　欧阳修家训

请你将欧阳
修的画像贴
在此处

欧阳修（1007—1072年），字永叔，号醉翁，晚年又号六一居士，吉州永丰（今江西省吉安市永丰县）人，北宋政治家、文学家，是"唐宋八大家"之一，"千古文章四大家"之一。

欧阳修一生博览群书，以文章著名，主张文学须切合实用，晚年自编《居士集》，有《欧阳文忠公集》传世。

推荐理由

本篇家训提出了学习的重要性，告诫人们只有不断学习，才能让自己始终走在正确的路上。

熟读成诵

rén bù xué wú yǐ chéng cái

人不学无以成材

yù   bù   zhuó   bù   chéng   qì   rén bù   xué bù zhī

"玉 不   琢 ，不   成   器 ；人 不   学，不 知

"玉石不经过雕琢，就不能成为器具；人不经过学习，就不明白事物的

dào   rán yù zhī wéi wù   yǒu bú biàn zhī cháng dé   suī bù zhuó yǐ wéi qì

道。"   然玉之 为 物 ， 有 不 变 之 常 德， 虽 不 琢 以 为 器，

道理。"然而作为物体的玉，有着不可改变的常性，虽不雕琢成器具，

ér yóu bú hài wéi yù yě   rén zhī   xìng   yīn wù   zé qiān

而 犹 不 害 为 玉 也；人 之   性，   因 物   则 迁 ，

可仍然   是玉； 人的品性则不同，常会随着环境的改变而改变，

bù xué	zé shě	jūn zǐ ér wéi xiǎo rén	kě bú niàn zāi
不学，	则舍	君子而为小人，	可不念哉！

如果不学习，就不能成为君子而会变成品性不好的小人，能不引起注意吗！

——节录自《欧阳文忠公集》

读读小故事

1. 欧阳修曾对谢绛说："我平生所作的文章，多半在'三上'，即马上、枕上、厕上。因为只有这样才可以好好构思啊。"（改自欧阳修《归田录》）

2. 欧阳修在四岁时失去了父亲，家境贫穷，没有钱上学。欧阳修的母亲用芦荻秆在沙地上教他写字，还给他诵读许多古人的篇章，让他学习写诗。年龄大些，家里没有书可读，他就到乡里的读书人家去借书来读，有时还会抄录下来，往往还没抄完，便已经能背诵全篇了。欧阳修白天黑夜都废寝忘食，一心一意地努力读书。他小时所写的诗歌文章，就与大人一样有文采了。（选自《欧阳公事迹》，有删改）

古为今用

积累：我记住的训诫（漂漂亮亮书写）

_____

_____

我受到的启发（用心思考并写下来）

十　欧阳修母郑氏家训

训主简介

请你将欧
阳修母郑
氏的画像
贴在此处

　　郑氏，欧阳观的妻子，中国历史上"四大贤母"之一。宋真宗咸平三年（1000年），欧阳观考中进士，他为官清廉，59岁去世，欧阳修当时仅4岁。欧阳修还有一个哥哥和一个姐姐，全家人食不饱腹，衣不蔽体。郑氏以芦荻秆为笔，以沙地为纸教儿子写字。欧阳修毕生在各个方面取得的巨大成就，都与他母亲郑氏的谆谆教导分不开。

推荐理由

郑氏用欧阳观生前的言行教育儿子，培养儿子，勉励儿子，这是一篇发人深省的好家训。

熟读成诵

jì chéng nǐ fù qīng lián zì shǒu de sù zhì
继承你父清廉自守的素志

qí   xīn hòu yú rén zhě yé   cǐ   wú zhī rǔ   fù zhī bì jiāng yǒu
其 心厚于仁者耶！ 此 吾知汝 父之必将 有

他有着一颗深厚的仁爱之心啊！这就是我知道你的父亲必定能有好的

hòu   yě   rǔ qí   miǎn   zhī   fú yǎng   bú bì   fēng
后 也。 汝其 勉 之！ 夫养 不必 丰，

后代的原因。希望你以这些来勉励自己！奉养长辈不一定要衣食丰厚，

yào   yú xiào   lì   suī bù dé bó yú wù   yào   qí
要 于孝； 利 虽不得博于物， 要 其

重要的是孝顺；对于别人有利的事，虽然不能遍及万物，但重要的是

xīn zhī hòu yú rén.　　wú bù néng jiào rǔ,　　cǐ　　rǔ fù　zhī zhì
心 之 厚 于 仁。　　吾 不 能 教 汝,　　此　　汝父　之 志

有一颗敦厚仁爱的心。我没有什么可教导你的,这些都是你父亲的意愿和

yě
也。

期望。

——节录自欧阳修《泷冈阡表》

读读小故事

　　欧阳修很小的时候,郑氏不断给他讲关于做人的故事,每次讲完故事都做一个总结,让欧阳修明白了很多做人的道理。她经常教导孩子做人不可随声附和,不要随波逐流。欧阳修稍大些时,郑氏想方设法教他认字写字,教他读唐代诗人周朴、郑谷的诗,以及当时的九僧诗。尽管欧阳修对这些诗一知半解,但他对读书有强烈的兴趣。

　　眼看欧阳修就到上学的年龄了,郑氏一心想让儿子读书,可是家里穷,买不起纸笔。有一天,她看到屋前的池塘边长着荻草,突然想到,用这些荻草秆在地上写字不是也很好吗?于是她用芦荻秆当笔,铺沙当纸,开始教欧阳修练字。欧阳修在母亲的教导下,在地上一笔一画地练习写字,反反复复地练,错了再写,直到写对、写工整为止,一丝不苟。这就是后人传为佳话的"画荻教子"。(改自《欧阳公事迹》)

古为今用

积累：我记住的训诫（漂漂亮亮书写）

_____

_____

_____

_____

我受到的启发（用心思考并写下来）

_____

_____

_____

_____

十一　苏轼母程氏家训

训主简介

请你将苏轼
母程氏的画
像贴在此处

苏轼母程氏，北宋著名文学家苏洵之妻。苏洵去世时，苏轼、苏辙已经成人，且满腹经纶，但对于两个儿子从读书到做人，母亲程氏依然要求十分严格。后来，苏轼和苏辙不仅成为著名文学家，而且都成为忠直且敢于谏诤之士，这与其母亲的殷殷教诲有着密切的关系。

推荐理由

本篇家训语言简洁，表达出了母亲对儿子的支持，令人感动。

熟读成诵

<table>
<tr><td>rǔ néng wéi pāng</td><td>wú gù bù néng wéi pāng</td><td>mǔ yē</td></tr>
<tr><td>汝 能 为 滂，</td><td>吾 顾 不 能 为 滂</td><td>母 耶?</td></tr>
</table>

你 能 做东汉的范滂，难道我就不能做　　范滂的母亲吗?

——节选自《东坡先生墓志铭》

读读小故事

（略）

古为今用

积累：我记住的训诫（漂漂亮亮书写）

_____

_____

_____

_____

我受到的启发（用心思考并写下来）

_____

_____

_____

_____

十二　范滂家训

训主简介

范滂（137—169年），东汉官吏今河南省人。其初为清诏使，有意澄清吏治，令贪污之守令都闻风逃离；后为汝南太守宗资属吏，抑制豪强，反对宦官，后被害。

请将范滂
的画像贴
在此处

推荐理由

本篇家训表达出为官要刚正不阿，为民为国的中心思想。

熟读成诵

jiè zǐ
诫子

wú yù shǐ rǔ wéi è　　zé è　　　bù kě wéi　　　　shǐ rǔ wéi
吾 欲 使 汝 为 恶，　则 恶　　不 可 为；　　　　使 汝 为

我想让 你做坏事，这本身就是一件坏得不能再坏的事情；让你做

shàn　zé　wǒ bù　wéi è
善 ， 则 我 不 为 恶。

好事，那么我就不是在做坏事。

——节录自《后汉书·范滂传》

找一幅关于范滂的画，看看画中描绘了什么故事，并贴在此处。

读读小故事

当时冀州发生饥荒，盗贼蜂起，于是朝廷便任用范滂为清诏使，巡视考察民情。范滂登上座车挽起缰绳，慷慨激昂，显示出要澄清天下的志向。等他到达州界时，郡守县令因贪污枉法，听到范滂到来的消息，就抛下官印绶带逃走了。（改自《范滂传》）

古为今用

积累：我记住的训诫（漂漂亮亮书写）

_____

_____

_____

_____

我受到的启发（用心思考并写下来）

_____

_____

_____

_____

十三　朱熹家训

去找找朱熹的
画像，找到了
请贴在这里

朱熹（1130—1200年），字元晦，又字仲晦，号晦庵，晚称晦翁，祖籍徽州府婺源（今江西省婺源县），南宋时期理学家、思想家、哲学家、教育家、诗人。

朱熹是理学集大成者，闽学代表人物，被后世尊称为"朱子"。他的理学思想影响很大，成为元、明、清三朝的官方哲学。

朱熹著述甚多，有《四书章句集注》《太极图说解》《周易本义》等。其中，《四书章句集注》成为当时钦定的"教科书"和科举考试的标准。

中华传世
经典家训
选读

推荐理由

本篇原载于《紫阳朱氏宗谱》。南宋中期，金、蒙南侵，赋税苛重，百姓怨声载道，民族危机深重，加之儒家衰弱，封建统治腐朽，致使纲常破坏，礼教废弛，官场贪风日盛，道德沦丧，人们精神空虚，理想失落，社会动荡不安。为了稳定国家秩序，加强家庭和社会的凝聚力，拯救社稷，拯救国家，朱熹以弘扬理学为己任，奉行"格物致知、实践居敬"的教育理念，力主以"存天理、灭人欲"为主要内容的道德修养，力求重整伦理纲常、道德规范，重建价值理想、精神家园。《朱熹家训》正是在这样的背景下产生的。

熟读成诵

jūn zhī suǒ guì zhě　　rén yě　　chén zhī suǒ guì zhě　zhōng yě
君 之 所 贵 者，　　仁 也。　　臣 之 所 贵 者，　忠 也。

作为国君最重要的，是怀有仁慈的心。作为臣子最重要的，则是忠诚。

fù zhī　suǒ guì zhě　cí yě　zǐ zhī suǒ guì zhě　　xiào yě　xiōng zhī
父 之 所 贵 者，慈 也。子 之 所 贵 者，　孝 也。兄 之

作为人父最重要的，是慈爱。作为人子最要紧的，则是孝道。作为兄长

52

suǒ guì zhě　　yǒu yě　　dì zhī suǒ guì zhě gōng yě　　fū zhī　suǒ guì zhě
所 贵 者，　　友 也。　弟之所贵者，恭也。　夫之　所 贵 者，

最重要的，是友爱弟妹。作为弟妹最要紧的，则要恭敬兄长。作为丈夫最重

hé yě　　　　fù zhī suǒ guì zhě róu yě　　shì shī zhǎng guì hū lǐ
和 也。　　妇之所贵者，柔也。　事 师 长 贵乎礼

要的，是态度平和。作为妻子最重要的，则是温柔。与师长相处最重要的是

yě　　jiāo péng yǒu guì　　hū xìn yě　　jiàn lǎo zhě　　jìng zhī
也，　交 朋 友 贵 　乎 信 也。　见 老 者，　　敬 之；

合乎礼节，与朋友相交最重要的则是讲信用。遇见老者，当有尊敬之心；

jiàn yòu zhě　　ài zhī　　yǒu dé　　zhě　nián suī xià yú wǒ　wǒ bì
见 幼 者，　　爱 之。　有 德 　者，　年 虽 下于我，我 必

看见幼者，当有慈爱之心。对品德高尚的人，虽然年纪比我小，我也应当

zūn zhī　　　bú xiào zhě　nián suī gāo yú wǒ　wǒ bì　　yuǎn zhī
尊 之；　　不 肖 者，　年 虽 高于我，我 必　　远 之。

尊敬他；对一向行为不好的人，虽年纪比我大，我也该离他远点儿。

shèn wù　tán rén zhī duǎn　qiè mò　jīn　　jǐ zhī cháng
慎 勿 谈 人 之 短，切 莫 　矜 己 之 长。

千万不要谈论别人的短处，千万不可以仗恃着自己的长处而自以为了不

chóu zhě　yǐ　　yì jiě zhī　yuàn zhě　　yǐ zhí
仇 者 以　义 解 之；　怨 者　　以 直

起。对仇恨自己的人，要用道义去化解；对埋怨自己的人，要以公道、

bào zhī suí suǒ yù　　　　　　ér　ān zhī　　　rén yǒu
报 之，随所遇　　　　　　而　安 之。　人 有

坦诚、正直来对待。随便遇到什么样的环境都应当心平气和地接受。别人有

xiǎo guò hán　róng ér rěn zhī rén yǒu dà　guò　yǐ　lǐ
小 过， 含　容 而 忍 之；人 有 大　过，　以　理

小过错，则应有包容之心； 别人犯了较大的过错，则应将正确合理的

ér　yù　　　zhī wù yǐ shàn xiǎo ér bù wéi wù yǐ è xiǎo ér
而　谕　　　之。勿 以 善 小 而 不 为， 勿 以 恶 小 而

做法明白地告诉他。不要因为善行太小而不去做，更不可因恶行很小而

wéi zhī rén　yǒu è　　　　　zé　yǎn zhī　rén yǒu shàn
为 之。人　有 恶，　　　　则　掩 之； 人 有 善，

去做。别人有缺点，当着他人的面，我们应帮他稍加掩盖；别人的优点，

zé　yáng zhī chǔ shì　wú　sī chóu　zhì jiā　　wú
则　扬 之。处 世 无　私 仇，　治家　　无

就应该帮他宣扬。为人处世不应为了私事而与人结仇，治家更要注意不可

sī　　　　fǎ　wù sǔn rén ér lì jǐ　wù　dù xián ér jí
私　　　　法。勿 损 人 而 利 己，勿 妒 贤 而 嫉

因为私心而有不公平的做法。不要做损人利己的事，不要嫉妒贤明和有才

néng　　wù　　　chēng fèn ér bào hèng nì wù fēi lǐ
能 。 勿　　　称 忿 而 报 横 逆，勿 非 礼

能的人。遇到不顺的事情不要因气愤而求一时之快，不要违背正常的行为

ér hài　　wù mìng jiàn bú yì zhī cái　　wù qǔ　yù hé lǐ　zhī
而 害　　物 命。见 不 义 之 财　　勿 取，遇 合 理　之

规范而去伤害别的人和物。遇有不合道义的钱财不能拿，遇到合情合理的

shì　zé cóng　　　　shī shū bù kě bù dú
事 则 从。　　　　诗 书 不 可 不 读，

事情就应遵从。古圣先贤所流传下来的经典诗书不可以不读，待人的合理

lǐ　yì　　bù kě bù zhī　zǐ sūn bù kě bù jiào　tóng　pú
礼 义　　不 可 不 知。子 孙 不 可 不 教，　童　仆

规范与处世的正当态度不可以不知道。不能不教育后代子孙，对仆人帮佣

bù kě bú　xù　　　sī wén　bù kě bú jìng　huàn nàn　　bù kě
不 可 不　恤。　　斯 文 不 可 不 敬，患 难　　不 可

则必须体谅关怀。数千年的文化传统不可不尊敬，遇到灾难打击，则不可

bù fú　　shǒu wǒ zhī fèn zhě　lǐ yě　　　tīng wǒ zhī mìng zhě
不 扶。　守 我 之 分 者，礼 也；　　听 我 之 命 者，

不相互扶持。谨守我的本分，是遵循礼法的；而我们一生的命运，则由

tiān yě　　rén　néng　rú shì　　tiān　bì xiàng zhī　　cǐ　nǎi
天 也。　人　能　如 是，　天　必 相 之。　此　乃

老天来决定。一个人能做到以上各点，则老天必定会帮助他。这些都是

rì yòng cháng xíng zhī dào ruò yī fu zhī yú shēn tǐ　yǐn shí zhī yú kǒu fù
日 用 常 行 之 道，若 衣 服 之 于 身 体，饮 食 之 于 口 腹，

日常生活中的行为准则，就像身体需要穿衣服，饥饿口渴需要吃饭喝水，

bù kě yí rì　　　　　　wú yě
不可一日　　　　　　无也，

是每天都离不开，每天都不可缺少的，我们对这些基本的生活道理，

kě bú shèn zāi
可不 慎 哉!

怎可不重视呢!

——节录自《朱子家训》

请你把找到的《朱子家训》楷书作品贴在下面。

读读小故事

1. 朱熹自幼聪明过人，想象力丰富。四岁时，他的父亲朱松指着太阳对他说："这是太阳。"朱熹问："太阳依附着什么？"朱松回答说："依附于天？"朱熹又追问道："天又依附于什么？"问得朱松无言以对。

2. 朱熹有足疾，相传曾有一个江湖郎中为他治疗。针灸以后，朱熹感到腿脚轻便了不少，十分高兴，重金酬谢的同时，还送给这个郎中一首诗："几载相扶籍瘦筇，一针还觉有奇功。出门放杖儿童笑，不是以前勃窣翁。"郎中拿了朱熹手书的诗就离去了。没几天，朱熹足疾重新发作，且比针灸前更厉害了，急忙派人去追那位郎中，但已不知道他到哪里去了。朱熹叹息道："我不是想惩罚他，只是想追回赠他的那首诗，唯恐他拿去招摇撞骗，误了别人的治疗。"

3. 朱熹年轻时，从建阳到泉州同安县（今福建省厦门市同安区）赴任，路经莆田时，于夹漈草堂见到了郑樵。年过五旬的郑樵对他以礼相待。席间，桌上只有一碟姜、一碟盐巴，朱熹的书童看到，心中暗暗不乐。朱熹取出一部手稿，请郑樵过目指正。郑樵恭敬地接过手稿，放在桌上。接着，他燃起一炷香，室内顿时异香扑鼻。这时，恰好窗外吹来一阵山风，风把手稿一页一页地掀开。郑樵一动不动地站立着，像被清风吹醉了一般。等到风过去后，他才慢慢地转过身子，把手稿还给了朱熹。两人促膝而谈，一连谈了三天三夜，朱熹十分高兴，特地写了一副对联表示感谢："云礽会梧竹，山斗盛文章"。

朱熹离开草堂后，他的书童不满地说："这个老头子算什么贤人？他对相公太无礼了。无酒无肴，只有一碟姜一碟盐，亏他做得出来。"朱熹说："那盐不是海里才有的吗？那姜不是山里才有的吗？尽山尽海，是行大礼呀！"

书童："相公的手稿，他连看都不看……"朱熹："你没看到吗？我送他手稿时，他特地燃起一炷香，这是很尊重我呀；风吹开稿页那阵子，他就把稿子看完了。他跟我提了不少好意见，还能把手稿里的原句背出来，令人钦佩。"书童："相公老远跑来见他。可今天离开时，他送都不送一程。"朱熹说："他送到草堂门口，就已尽礼了。一寸光阴一寸金，我们做学问的人，每分钟时间都很宝贵啊！"

正说着，前面草丛里突然"哗啦"一声，有一只五色雉鸟从他们头顶飞过。两人不由得回过头来，却见郑樵还站在远处的草堂门口前，保持原先送客的姿态，手里还拿着一本书。朱熹笑着说："你看，他还在门口站着，送客不忘读书，真是个贤人啊！"

（以上三则小故事均出自《儒家故事》，有删改）

古为今用

积累：我记住的训诫（漂漂亮亮书写）

_____

_____

_____

_____

我受到的启发（用心思考并写下来）

_____

_____

_____

_____

十四　朱子家训（朱子治家格言）

请你找到他
的画像后贴
在这里

　　朱用纯（1627—1698年），字致一，号柏庐，明末清初江苏昆山县（今昆山市）人。著名理学家、教育家。他一生研究程朱理学，主张知行并进，曾用精楷手写数十本理学经典用于教学。他生性宁谧，严以律己，对当时愿和他交往的官吏、豪绅，以礼自持，刚正不阿，著有《朱子家训》（《朱子治家格言》）、《愧讷集》、《大学中庸讲义》。

推荐理由

　　《朱子家训》脍炙人口、家喻户晓，自问世以来流传甚广，被历代士大夫尊为"治家之经"，清朝至民国年间一度成为童蒙必读课本之一。《朱子家训》仅524字，精辟地阐明了修身治家之道，其中许多内容继承了中华优秀传统文化的经典，如尊敬师长、勤俭持家、邻里和睦等，在今天仍然有现实意义。

熟读成诵

lí míng jí qǐ　　　　　　　　　　sǎ sǎo tíng chú　yào
黎 明 即 起，　　　　　　　洒 扫 庭 除，要

每天早晨黎明就要起床，先在庭堂内外的地面洒水然后扫地，使庭堂

nèi wài zhěng jié　jì　hūn biàn xī　guān suǒ mén hù　bì qīn zì jiǎn diǎn
内 外 整 洁。既 昏 便 息，关 锁 门 户，必 亲 自 检 点 。

内 外 整 洁。到了黄昏就要休息，关锁门和窗并亲自查看。

yì zhōu　yí fàn　　　dāng sī lái chù bú yì　　bàn sī　　bàn lǚ
一 粥 一 饭，　　当 思 来 处 不 易；半 丝 半 缕，

对于一顿粥或一顿饭，我们应当想着来之不易；对于半根丝或半条线，

héng	niàn	wù	lì	wéi	jiān	yí		wèi
恒	念	物	力	维	艰。	宜		未

我们也要常念着这些物资的生产是很艰难的。凡事先要提前准备，还没

yǔ	ér chóu móu				wù	lín	kě		ér	jué	jǐng	zì
雨	而绸缪，				勿	临	渴		而	掘	井。	自

下雨，就要先把房子修补完善，不要到了口渴的时候，才来掘井。自己

fèng	bì	xū	jiǎn	yuē	yàn kè	qiè	wù	liú	lián	qì	jù	zhì	ér	jié
奉	必	须	俭	约，	宴客	切	勿	留	连。	器	具	质	而	洁，

生活上必须节约，聚会吃饭千万不要流连忘返。餐具只要质朴而干净，

	wǎ	fǒu		shèng	jīn	yù		yǐn	shí	yuē	ér	jīng		yuán
	瓦	缶		胜	金	玉；		饮	食	约	而	精，		园

即使是用泥土做的瓦器也比金玉制的好；饭食简单而精致，即使是园里种

shū	yù	zhēn	xiū	wù	yíng	huá	wū	wù	móu	liáng	tián
蔬	愈	珍	馐。	勿	营	华	屋，	勿	谋	良	田。

的蔬菜也胜于山珍海味。不要营造华丽的房屋，不要谋求良好的田地。

	zōng	zǔ	suī		yuǎn	jì	sì	bù	kě	bù	chéng	zǐ	sūn	suī	yú
……	宗	祖	虽		远，	祭	祀	不	可	不	诚；	子	孙	虽	愚，

……祖宗虽然离我们年代久远了，祭祀不可以不虔诚；子孙虽然愚笨，

	jīng	shū	bù	kě	bù	dú	jū	shēn	wù	qī	jiǎn	pǔ	jiào	zǐ	yào	yǒu	yì	fāng
	经	书	不	可	不	读。	居	身	务	期	俭	朴，	教	子	要	有	义	方。

但经典不可不诵读。自己生活务必节俭，以做人的正道来教育子孙。

wù tān yì wài zhī cái wù yǐn guò liàng zhī jiǔ yǔ jiān tiāo
勿 贪 意外之 财， 勿 饮 过 量 之 酒。与 肩 挑

不要贪图不属于自己的钱财，不要 过 量 喝 酒。和做小生意的挑贩们

mào yì wù zhàn pián yi jiàn pín kǔ qīn lín xū jiā
贸 易，勿 占 便 宜；见 贫苦亲 邻， 须 加

交 易，不要贪占便宜；看到穷苦的亲戚或邻居，要关心他们并且要给他

wēn xù xiōng dì shū zhí xū duō fēn rùn guǎ zhǎng
温 恤。 ……兄 弟 叔 侄， 须 多 分 润 寡。 长

们提供援助。……兄弟叔侄之间，应当做到富有的要资助贫穷的。家庭里，

yòu nèi wài yí fǎ sù cí yán zhòng zī cái bó fù mǔ
幼 内 外， 宜 法 肃 辞 严。 ……重 资财， 薄 父 母，

男女老幼应有严正的规矩和庄重的言辞。……看重钱财，而薄待父母，

bù chéng rén zǐ jià nǚ zé jiā xù wù suǒ zhòng
不 成 人 子。 嫁女 择 佳 婿， 勿 索 重

不是为人子女之道。嫁女儿要为她选择贤良的夫婿，不要索取贵重的

pìn jiàn fù guì ér shēng chǎn róng zhě zuì kě chǐ yù
聘。 ……见 富贵 而 生 谄 容 者， 最 可 耻； 遇

聘礼。……看到富贵的人便做出巴结讨好的样子的人，是最可耻的；碰到

pín qióng ér zuò jiāo tài zhě jiàn mò shèn jū jiā jiè zhēng
贫 穷 而 作 骄 态 者， 贱 莫 甚。居 家 戒 争

贫穷人便表现出骄慢的样子的人，是最鄙贱不过的。居家过日子禁止争斗

sòng	sòng zhě	zhōng xiōng	chǔ shì	jiè duō yán
讼，	讼者	终 凶；	处世	戒多言，

诉讼，一旦争斗诉讼则无论胜败结果都不吉祥；为人处世不可多说话，

yán duō bì shī	wù shì shì lì	ér líng bī gū guǎ	wù tān kǒu fù
言多必失。	勿 恃 势力，	而 凌 逼 孤 寡；	勿 贪 口腹，

话多则必有过失。不可凭借势力，来欺凌压迫孤儿寡妇；不要贪口腹之欲

ér zì shā	shēng qín	guāi pì	zì shì	huǐ wù bì duō
而 恣 杀	牲 禽。	乖 僻	自 是，	悔 悟 必 多；

而任意宰杀牛羊鸡鸭等牲畜家禽。性格古怪自以为是的人，一定多有悔悟；

tuí duò zì gān	jiā dào nán chéng	xiá nì è	shào jiǔ
颓 惰 自 甘，	家 道 难 成。	狎 昵 恶	少 ， 久

自甘颓废懒惰沉溺的人，是难以成家立业的。亲近不良的少年，日子久了

bì shòu qí lěi	qū zhì	lǎo chéng
必 受 其累；	屈 志	老 成 ，

必然会受他牵累；恭敬自谦虚心地与那些阅历多而善于处世的人交往，

jí	zé kě xiāng yī	qīng tīng fā yán	ān zhī fēi
急	则可相依。	轻 听 发 言，	安 知 非

遇到急难的时候就可以依靠他们。不可轻信他人说长道短，怎么知道他不是

rén zhī zèn sù	dāng rěn nài sān sī	yīn shì xiāng zhēng
人 之 谮 诉，	当 忍 耐 三 思。	因 事 相 争，

说人坏话，挑拨是非呢，应当忍耐而再三思考。因事情发生争执，

yān zhī　　fēi　wǒ zhī bú shì　xū píng xīn àn xiǎng

焉知　　非　我之不是，须平　心暗想。

怎么知道不是我的过错呢，要冷静反省自己。

shī huì　　wù　niàn　shòu　　　ēn　mò　　　wàng

施惠　勿　念，　受　　　恩　莫　　　忘　。

对人施了恩惠不要记在心里，接受了他人的恩惠则一定要常记在心。

fán　　　　shì dāng liú yú dì dé yì　　　　bù yí zài wǎng

凡　　　　事当　留　余地，得意　　　　不宜再　往　。

无论做什么事都应当留有余地，满意以后就要知足，不应该再进一步。

rén yǒu xǐ qìng　　　bù kě shēng dù jí xīn rén　yǒu huò huàn　bù kě shēng

人有喜庆，　　　不可　生　妒嫉心；人　有　祸患，不可　生

他人有了喜庆的事情，不可　有　嫉妒心；他人遭遇祸患，不可　有

xǐ xìng xīn　　　　shàn yù rén jiàn　bú shì zhēn shàn　　è　kǒng

喜幸心。　　　善欲人见，　不是真　善；　恶　恐

幸灾乐祸之心。做了好事而想他人看见，就不是真　善；做了坏事而怕

rén zhī　　biàn shì dà è　jiàn sè　　ér qǐ yín xīn bào　　　zài

人知，　便是大恶。见色　　而起淫心，报　　　在

他人知道，就　是　大恶。看到美貌的女性而起邪心的，将来会报应在自己

qī　nǔ　　　nì yuàn　ér yòng àn jiàn　huò yán zǐ sūn

妻　女；　匿怨　而用暗箭，祸　延子孙。

的妻子女儿身上；怀怨在心而暗中伤害人的，将会给自己的子孙留下祸根。

jiā mén hé shùn　suī yōng sūn bú jì　　yì yǒu yú huān　guó kè zǎo wán
家 门 和 顺 , 虽 饔 飧 不 继 , 亦 有 余 欢 ; 国 课 早 完 ,

家里和气平安，虽吃了上顿没有下顿，也觉得快乐；尽快缴完赋税，

jí náng　　tuó wú yú　　　zì dé zhì lè　dú shū　zhì zài　shèng xián
即 囊 橐 无 余 , 自 得 至 乐。读 书 志 在 圣 贤 ,

即使口袋里的钱财没剩多少，也自得其乐。读圣贤书目的是学圣贤的言行，

fēi tú kē dì　wéi　guān xīn cún jūn guó　　　qǐ　　jì
非 徒 科 第 ; 为 官 心 存 君 国 , 岂 计

不只为了科举及第；做一个官吏要有忠君爱国的思想，怎么可以考虑个人

shēn jiā　　shǒu fèn　ān mìng　shùn shí　tīng tiān　wéi rén ruò cǐ
身 家。守 分 安 命 , 顺 时 听 天。为 人 若 此 ,

的身家性命。恪守本分，安于命运，顺应时势，听从天意。如果能够这样

shù hū　　　　　jìn yān
庶 乎 近 焉。

做人，那就差不多和圣贤做人的道理相合了。

——节录自《朱子治家格言》

读读小故事

1.曾国藩的日常饮食非常简单，没有客人的时候，就一个荤菜，要招待客人，他才会多设一道荤菜。

他不仅自己如此，还告诫子孙："人一日所着之衣所进之食，与日所行之事所用之力相称，则旁人羡之，鬼神许之，以为彼自食其力也。"曾家男子，人人会耕地种菜；曾家女子，个个会做饭织布；甚至曾家大门，也不挂任何"相府""侯府"之类的匾。被问及个中缘由，曾国藩说："凡居官不可无清明，若名清而实不表，尤为造物所怒。"

都说富不过三代，但因为曾国藩的言传身教，曾家六代子孙兴旺了百年，被后人盛赞"曾家无一是废人"。（改写自《曾国藩家书》）

2.一个雕塑工匠正在雕刻佛像，引来很多人围观，人们发现他雕刻的佛像几乎都是大鼻子小眼睛。围观者不解，就问他："你为什么把佛像都雕成大鼻子小眼睛？"刻像人笑着说："鼻子大了可以改小，眼睛小了可以改大，如果眼睛大了改小，鼻子小了改大，则非常困难，几乎是不可能了。"（改写自《韩非子》）

古为今用

积累：我记住的训诫（漂漂亮亮书写）

_____

_____

_____

_____

我受到的启发（用心思考并写下来）

_____

_____

_____

_____

十五　张居正家训

请你将张居
正的画像贴
在此处

张居正（1525—1582年），字叔大，号太岳，今湖北江陵人。张居正于明世宗嘉靖年间进士及第，为相达十年之久，他饬吏治，整边备，信赏必罚，令行禁止，大力整理赋税，是中国历史上著名的政治家和改革家。

推荐理由

此篇家训是张居正写给四儿子的一封书信，帮助儿子总结科举考试失利原因，鼓励儿子努力改正过去学习上的缺点。

熟读成诵

qiè jì hào gāo wù yuǎn
切忌好高骛远

nǎi qí suǒ zào ěr ěr shì bì zhì wù yú gāo yuǎn ér lì pí yú jiān shè
乃其所造尔尔, 是必志骛于高远,而力疲于兼涉,

之所以才学造诣平庸,一定是你好高骛远, 涉猎太广而用心不专,

suǒ wèi zhī chǔ ér běi xíng yě yù tú jìn qǔ qǐ bù nán zāi
所谓 之楚 而北行也!欲图进取,岂不难哉!

正如本来要到南边的楚国却往北走,这样想要进取, 难道不是很难吗?

dàn rǔ yí jiā shēn sī wú gān zì qì jiǎ lìng cái zhì nú xià
……但汝宜加深思,毋甘自弃。假令才质驽下,

……只希望你加以深思,不可自暴自弃。假如你真的才智低下愚钝,

fèn bù kě qiáng nǎi cái kě wéi ér bù wéi shuí zhī jiù yú
分不可强; 乃才 可为而不为, 谁之咎与!

则天分不可以勉强。如果你有才可为却不为,那又是谁的罪过呢?

jǐ zé guāi miù ér tú wěi zhī mìng yé huò zhī shèn yǐ
己则乖谬, 而徒诿之命耶,惑之甚矣!

自己的行为荒谬,却只归咎于命运,这太使人困惑了!

——节录自《张江陵全集》

读读小故事

万历六年（1578年），张居正以福建为试点，清丈田地，结果"闽人以为便"。于是在万历八年（1580年），张居正上疏并获准在全国陆续展开清丈土地工作，并在此基础上重绘鱼鳞图册。从理财的角度看，清丈田亩对朝廷比较全面准确地掌握全国的土地，增加财政收入起了积极作用，更为重要的是它还为不久之后推行的"一条鞭法"赋税改革创造了条件。万历九年（1581年），张居正下令，在全国范围内实行"一条鞭法"。"一条鞭法"是中国田赋制度史上继唐代两税法之后的又一次重大改革。它简化了赋役的项目和征收手续，使赋役合一。（改写自《明史·张居正传》）

古为今用

积累：我记住的训诫（漂漂亮亮书写）

_____

_____

_____

_____

我受到的启发（用心思考并写下来）

_____

_____

_____

_____

十六　纪昀家训

纪昀是传说中的"智慧"人物，找找他的画像贴在此处

纪昀（1724—1805年），字晓岚，别字春帆，晚号石云，道号观弈道人、孤石老人，直隶献县（今河北省沧州市）人，清代文学家、官员，谥号文达。其学问渊博，有通儒之称，是《四库全书》的总纂者，著有《纪文达公文集》《阅微草堂笔记》等。

推荐理由

　　此两篇家训，第一篇指出父母应该共同承担教育孩子的责任，母亲在教育孩子时要重视的几点内容：勤读、敬师、爱众和慎食；第二篇则是提出交友的关键在慎重选择朋友。

熟读成诵

jì nèi zǐ lùn jiào zǐ shū
寄内子论教子书

shū bù zhī　ài zhī bù yǐ qí dào　fǎn zú yǐ hài zhī yān　qí　dào　wéi hé
殊 不 知，爱 之 不 以 其 道，反 足 以 害 之 焉，其　道　维 何？

殊不知，爱孩子不得其法，反而是害了他们，爱子之道是什么？

yuē yán zhī　yǒu sì jiè　sì yí　yī jiè yàn qǐ　èr jiè lǎn duò　sān jiè shē huá
约 言 之，有 四 戒、四 宜：一 戒 晏 起，二 戒 懒 惰，三 戒 奢 华，

概括地说，它有四戒和四宜：一戒 晚 起，二戒懒惰，三戒奢侈华丽，

sì jiè jiāo ào　jì　shǒu sì jiè　yòu xū guī yǐ sì yí　yì yí qín dú　èr yí
四 戒 骄 傲。既　守 四 戒，又 须 规 以 四 宜：一 宜 勤 读， 二 宜

四戒骄傲。不仅要遵守四戒，还要有四宜的规矩：一宜勤奋读书，二宜

jìng shī　sān yí ài zhòng　sì yí shèn shí
敬　师，　三 宜 爱 众，四 宜 慎 食。

尊敬老师，三宜普爱众生，四宜小心饮食。

——节录自《纪晓岚家书》

bú yào jié jiāo wěi jūn zǐ
不要结交伪君子

ěr chū rù shì tú　　　zé　　　　jiāo yí shèn　　　yǒu zhí
尔 初 入 世 途，　　择　　　　交 宜 慎。　　友 直，

你刚走上人生道路，选择朋友与人交往应当小心谨慎。朋友正直，

yǒu liàng　 yǒu bó wén　　　　yì yǐ
友 谅，　 友 博 闻，　　　　益 矣。

朋友诚信，朋友博学广闻，对自己大有好处。

——节录自《纪晓岚家书》

请你找一幅纪晓岚的书法作品来欣赏，请贴在此处。

读读小故事

1. 纪昀喜抽旱烟，朝中文臣武将暗地里叫他"纪大烟袋"。有一次，乾隆急诏，纪昀来不及将烟熄灭，只好把烟袋藏在靴子里去朝见圣上。结果烟在靴子里燃烧起来，烟从裤脚里冒了出来，皇上问他怎么回事，纪昀忍着痛答："失火了。"皇上赶快让他出去救火，纪昀才跛着一只脚出去了。以后有好长时间，纪昀不得不拄着拐棍上朝。

2. 乾隆时期文化专制，把"思想犯罪"引入了法律惩治的范围之内，其文字狱的株连范围也远远超过了《大清律例》的规定。在纪昀修著《四库全书》的过程中，发生了50多起文字狱案。和纪昀一起担任总纂、总校的大员，或被吓死，或被罚光了家产，除纪昀以外，无一人得到善终。纪昀本人也曾几次被牵连进相关的文字狱中，最终化险为夷。他也被多次记过，不得不出资赔偿讹错书籍。

（两则小故事均改编自《纪晓岚传奇》）

古为今用

积累：我记住的训诫（漂漂亮亮书写）

_____

_____

_____

我受到的启发（用心思考并写下来）

十七　曾国藩家训

请你将曾国藩的画像贴在此处

曾国藩（1811—1872年），字伯涵，号涤生，湖南湘乡（今湖南省娄底市）人，清道光年间进士，历任礼、兵、工、刑、吏各部侍郎，后授大学士一等毅勇侯官爵，谥号文正，中国晚清时期政治家、战略家、理学家、文学家、书法家，湘军的创立者和统帅。他著有《曾文正公全集》，民间流传最广的是《曾国藩家书》。

推荐理由

　　曾国藩的家训很有影响。他注意言传身教，自己坚持做到家书中的各项要求。

熟读成诵

读书须做到"涵泳""体察"
dú shū xū zuò dào　hán yǒng　tǐ chá

shàn dú shū zhě xū shì shū rú shuǐ ér shì cǐ xīn rú huā rú
善读书者，须视书如水，而视此心如花、如

善于读书的人，必须把书籍看成水，而将自己的心智当作花草、当作

dào rú yú rú zhuó zú zé hán yǒng èr zì shù kě dé zhī
稻、如鱼、如濯足，则"涵泳"二字，庶可得之

禾苗、当作游水的鱼、当作洗脚。那么"涵泳"二字，差不多可以明白

yú yì yán zhī biǎo ěr dú shū yì yú jiě shuō wén yì
于意言之表。尔读书易于解说文义，

它的深刻含义而且能用语言表达出来了。你读书能轻易地解释字面意义，

què bú shèn néng shēn rù　kě jiù　　zhū zǐ　　hán yǒng　　tǐ chá　èr yǔ
却 不 甚 能 深 入，可 就　朱 子　"涵 泳""体 察"二 语

却不能十分深入领会，你可以就朱熹说的"涵泳""体察"这两个词

xī xīn qiú zhī
悉 心 求 之。

尽力地探求一番了。

——节录自《曾国藩家书》

dú shū kě yǐ gǎi biàn rén de qì zhì
读书可以改变人的气质

rén zhī qì zhì yóu yú tiān shēng　běn　　nán gǎi biàn　wéi dú shū zé kě
人 之 气 质，由 于 天 生，本　难 改 变，惟 读 书 则 可

人的气质，由于是天生的，本来是难以改变的，唯有读书可以

biàn huà qì zhì　gǔ zhī　　jīng xiàng fǎ　　zhě bìng yán dú shū kě yǐ biàn huàn
变 化 气 质。古 之　精 相 法　者，并 言 读 书 可 以 变 换

变化气质。　古代那些精通相面方法的人，都说 读 书 可 以 改 变

gǔ xiàng　yù qiú biàn zhī　zhī fǎ　zǒng xū xiān lì　jiān zhuó　zhī zhì
骨 相。欲 求 变 之 之 法，总 须 先 立 坚 卓 之 志。

骨 相。　要得到改变骨相的方法，总要首先立下艰苦卓绝的志向。

——节录自《曾国藩家书》

dàn yuàn zǐ sūn wéi dú shū míng lǐ zhī jūn zǐ

但愿子孙为读书明理之君子

qín jiǎn zì chí　xí láo xí kǔ　kě yǐ chǔ lè　　kě yǐ chǔ yuē
勤 俭 自 持， 习 劳 习 苦，可 以 处 乐，　　可 以 处 约，

勤劳俭朴自我约束，习于劳苦，既能身处安乐之中，又可身处俭省

cǐ　　　　jūn zǐ yě
此　　　 君 子 也。

之中，这样的人就是高尚的君子。

fán shì huàn zhī jiā　yóu jiǎn rù shē　yì　　yóu shē fǎn jiǎn
凡 仕 宦 之 家， 由 俭 入 奢　易，　　由 奢 返 俭

凡是做官的人家，从勤俭走向奢侈很容易，而从奢侈再回到勤俭却相当

nán　　ěr nián shàng yòu　qiè bù kě tān ài shē huá　bù kě guàn xí lǎn duò fán
难。 尔 年 尚 幼，切 不 可 贪 爱 奢 华，不 可 惯 习 懒 惰。凡

艰难。你年纪 还 小，千万不能贪求奢华， 不能 习惯于懒惰。所有

fù guì gōng míng　jiē yǒu mìng dìng bàn　yóu rén　lì　　bàn　yóu tiān
富 贵 功 名， 皆 有 命 定，半 由 人 力，　　半 由 天

富贵功 名， 都 由命运来安排，一半由人本身做出努力，一半则由天意

shì　　wéi　xué zuò shèng xián quán yóu zì jǐ zuò zhǔ　bú yǔ tiān mìng xiāng
事。 惟 学 作 圣 贤，全 由 自 己 作 主， 不 与 天 命 相

去成全。只有学做 圣 贤， 全凭　自己主观努力，并不与天命相

gān shè wú yǒu zhì xué wéi shèng xián　　shào shí qiàn　　　　jū jìng
干涉。吾有志学为 圣 贤。　　少 时 欠　　　　居 敬

关联。我有志于学做　圣 贤。只可惜小时候没有好好养成毕恭毕敬的

gōng fu zhì jīn yóu bù miǎn ǒu yǒu xì yán xì dòng　　ěr yí jǔ zhǐ duān zhuāng
工夫，至今犹不免偶有戏言戏动。　尔宜举止端 庄，

习惯，　到现在都不免偶尔有不庄重的言谈举止。你应该做到举止端庄，

yán bú wàng fā zé　　rù　　　　dé zhī jī yě
言 不 妄 发，则　　入　　　　德之基也。

不随便乱说话，这才是培养自己优良品德的基础。

——节录自《曾国藩家书》

jiā yùn xīng shuāi yǔ qióng tōng jué dìng yú qín duò
家运兴衰与穷通决定于勤惰

jiā zhī　　xīng shuāi rén zhī qióng tōng　　jiē yú　　qín duò bǔ zhī
家 之　　兴 衰，人 之 穷 通，　皆 于　　勤 惰 卜 之。

一个家庭的兴盛衰落，一个人的穷困通达，都可以从他的勤惰中预测。

zé ér xí qín yǒu héng　　zé　　zhū dì qī bā rén jiē xué yàng yǐ
泽儿习勤有恒，　则　　诸弟七八人皆学样矣。

泽儿学习勤奋有恒心，那么七八个弟弟都可以学习他这个榜样了。

——节录自《曾国藩家书》

富贵之家不可敬远亲而慢近邻
fù guì zhī jiā bù kě jìng yuǎn qīn ér màn jìn lín

诫 富贵之家不可敬远亲而慢近邻也。我家
jiè　　　fù guì zhī jiā bù kě jìng yuǎn qīn ér màn jìn lín yě　wǒ jiā

我郑重告诫泽儿,富贵之家不可敬远亲而怠慢近邻。我家

初 移 富圫,不可轻慢近邻,酒饭宜松, 礼貌宜
chū　　yí　fù yù　bù kě qīng màn jìn lín　jiǔ fàn yí sōng　　　lǐ mào yí

前不久才移居富圫,不可以轻慢近邻,酒饭宜宽松一点儿,礼貌宜

恭 。……除 不管闲事、不帮 官司外, 有可
gōng　　　　chú　bù guǎn xián shì　bù bāng　guān si wài　　　yǒu kě

恭敬一点儿。……除了不管闲事、不帮别人打官司以外,凡是有可

行 方 便之处,亦无吝也!
xíng fāng biàn zhī chù　yì wú lìn yě

行方便的地方,不要吝啬呀!

——节录自《曾国藩家书》

lín wēi yí zhǔ　　yí yì dú shū　　qín jiǎn zhì jiā
临危遗嘱：一意读书、勤俭治家

wú jiào zǐ dì　bù　lí　bā běn　　sān zhì xiáng　bā zhě yuē　　dú gǔ shū
吾 教 子 弟 不 离 八 本、 三 致 祥。八 者 曰： 读 古 书

我教导子弟们不要背离八个根本、三个吉祥。八个根本是：阅读古书

yǐ　　xùn gǔ wéi běn　　zuò shī wén yǐ shēng diào wéi běn　yǎng qīn yǐ dé huān
以 训 诂 为 本， 作 诗 文 以 声 调 为 本，养 亲 以 得 欢

把字句训诂当作根本，赋诗作文把声韵音调当作根本，供养亲人把讨其欢

xīn wéi　běn　yǎng shēng yǐ shǎo nǎo nù wéi běn　　lì shēn yǐ bú wàng yǔ wéi
心 为 本， 养 生 以 少 恼 怒 为 本， 立 身 以 不 妄 语 为

心当作根本，修身养性把少生恼怒当作根本，为人处世把不说假话当作

běn　　zhì　jiā yǐ bú yàn qǐ wéi běn　　jū guān yǐ bú yào qián wéi běn　xíng jūn
本， 治 家 以 不 晏 起 为 本， 居 官 以 不 要 钱 为 本， 行 军

根本，治理家务以不晚起床当作根本，当 官 把不贪财当作根本，行军出

yǐ bù rǎo mín wéi běn　　sān zhě yuē　　xiào zhì xiáng　　qín　zhì　xiáng　shù
以 不 扰 民 为 本。 三 者 曰： 孝 致 祥， 勤 致 祥， 恕

征把不扰民当作根本。三个吉祥是：孝顺带来吉祥，勤俭带来吉祥，宽恕

zhì　xiáng
致　祥。
————
带来吉祥。

——节录自《曾国藩家书》

读读小故事

1.曾国藩小的时候天赋并不高，学习起来非常吃力。一天晚上，他在家里读书，有一篇文章他重复读了很多遍，可就是背不下来。于是，他就一遍一遍地读，一遍一遍地背。夜已经很深了，他仍然没有背下来。这可急坏了一个人。原来，他家来了一个贼人，就潜伏在他书房的屋檐下，想等他读完书睡觉之后进屋偷点儿什么。可是贼人在屋外等啊等，就是不见曾国藩睡觉。贼人实在等不下去了，就十分生气地跳进屋子，对曾国藩说："就你这么笨还读什么书？我听几遍就会背了！"于是贼人将那篇文章从头到尾背诵了一遍，然后扬长而去。

2.一天，天气晴朗，年幼的曾国藩从学校回到了家里。曾国藩刚放下书包，其父就焦急地说："我明明煮了五个鸡蛋，怎么只有四个？"于是就把曾国藩叫来，对他说："煮熟的鸡蛋是分给你们吃的，现在少了一个，不知是谁偷吃了，快帮你母亲查一查。"曾国藩思索了一下，答道："这个很容易，我有办法查出来。"说罢，曾国藩端出一个脸盆，倒了几杯茶，把家里的人都喊来，叫每人喝一口茶水，吐到盆里。他站在旁边观察，结果发现一个佣人吐出的茶水里夹有鸡蛋黄。曾国藩的父亲高兴极

中华传世经典家训选读

84

了，觉得儿子很聪明，将来能当官审案子。

（两则故事选自《文正公曾国藩轶事》，有删改）

古为今用

积累：我记住的训诫（漂漂亮亮书写）

_____

_____

_____

_____

我受到的启发（用心思考并写下来）

_____

_____

_____

_____

十八　李世民帝范

请你将李世民的画像贴在此处

李世民（598—649年），唐高祖李渊的次子，即唐太宗，杰出的政治家。李世民书法造诣极高，由于他身体力行倡导书法，使唐代书法在我国书法史上留下了辉煌的一页。他尤爱王羲之的书法，甚至开创了以行书刻碑的先河。

推荐理由

　　"帝范"的内容主要是告诫太子李治将来如何当好皇帝。所谓"帝范"，实为帝王家的"家戒""家训"与"庭训"，它不仅是历史经验的总结，也是李世民一生政治经验的总结。

熟读成诵

dì fàn　xù

帝范·序

xù　　yuē　zhèn wén dà dé　yuē shēng　　dà bǎo　　yuē
序　曰：朕 闻 大 德 曰 生 ， 大 宝 曰

《帝范》序文：我听说盛大功德在于化生万物，至为宝贵的是天子的

wèi　　biàn qí shàng xià shù zhī jūn chén suǒ yǐ　fǔ yù　　lí yuán
位， 辨 其 上 下，树 之 君 臣，所 以 抚 育 黎 元，

帝位，君臣上下之别，是由礼来规定的，所以君主养育庶民，制驭天下，

jūn táo　　　　　shù lèi　　zì fēi kè míng kè zhé yǔn wǔ yǔn wén
钧 陶 　　 庶 类。 自 非 克 明 克 哲，允 武 允 文，

应像制陶的人转动轮子一样应用自如。如果不是能明能知，文武兼备，

huáng tiān juàn mìng   lì shù zài gōng   ān kě yǐ   làn wò líng tú   dāo lín shén
皇　天　眷　命，历数在　躬，安可以　滥握灵图，　　　叨临神

天　命　所　归，天道在　身，怎么能够任意握有帝王符应，临御皇帝宝

qì   shì yǐ   cuì guī   jiàn táng yáo   zhī dé
器？　是以　　翠妫　　荐唐尧　　　　　之德，

座呢？正因为如此，翠妫河的神龟向唐尧献上《河图》以表彰他的圣德，

yuán guī xī   xià yǔ   zhī gōng
元　圭锡夏禹　　之　功　。

大禹治水之功加于四海而上天将元圭赐给他以彰显他的功绩。有赤雀衔

dān zì   chéng xiáng   zhōu kāi bā bǎi zhī zuò   sù líng   biǎo ruì
丹字　　　呈　祥，周开八百之祚；素灵　　　表瑞，

丹书飞入周的国都丰，预兆周朝八百年兴盛；汉高祖刘邦挥剑斩白蛇，

hàn qǐ chóng shì   zhī jī   yóu cǐ guān zhī   dì wáng zhī yè
汉启重世　　　　之基。　　由此观之，帝王之业，

开启　前后两汉二十四帝共四百年基业。由此观之，帝王之位，

fēi kě yǐ   lì zhēng   zhě yǐ
非可以　力　争　者矣。

不是可以凭借实力强求的，而是受天之命而得的。

——节录自《永乐大典》

有一幅《帝范·序》的书法作品等你找出来贴在这里！

jūn tǐ piān
君 体 篇

fú rén zhě guó zhī xiān

夫 人 者 国 之 先，

guó zhě jūn zhī běn

国 者 君 之 本。

君王在国家建立前必须拥有民众，必须育民以德，人民乐为之用，才

rén zhǔ zhī tǐ rú shān yuè yān gāo jùn ér bú dòng

人 主 之 体 如 山 岳 焉，高 峻 而 不 动；

rú rì yuè

如 日 月

可为国。国君的圣体应当如山岳一般，巍然镇静岿然不动；人君要像日月

yān zhēn míng ér pǔ zhào

焉， 贞 明 而 普 照。

zhào shù zhī suǒ zhān yǎng

兆 庶 之 所 瞻 仰，

高悬天空，毫无私心地普照万物。人君的一言一行受到亿万百姓瞻仰，

tiān xià　　zhī　suǒ guī wǎng　　　　　　kuān dà qí zhì
天下　　之　所 归 往 。　　　　　宽 大 其 志，

人君行仁义，普天之下的百姓都会归附。 人君之志，当胸襟宽大，兼收

zú yǐ jiān bāo　　píng zhèng qí xīn zú yǐ　　　　zhì duàn
足 以 兼 包；　　平 正 其 心，足 以　　　制 断 。

并蓄，包容万物；如若人君之心平正，则可以是非分明裁断则无差错。

fēi　wēi　dé　　　wú yǐ zhì yuǎn　　fēi　cí　hòu wú yǐ huái rén
非 威 德　　　无 以 制 远 ，　　非 慈 厚 无 以 怀 人。

如果没有威望德行，是无法控制远方边疆的，没有慈爱和宽厚就无法安民。

fǔ　jiǔ zú　　yǐ　rén jiē dà chén yǐ lǐ　fèng xiān　sī　xiào
抚 九 族　　以 仁，接 大 臣 以 礼。奉 先　思 孝，

人君要用仁义安抚九族之亲，必须礼遇大臣。人君应善于继承祖先之志，

chǔ wèi　sī gōng　　　qīng jǐ qín láo　　yǐ xíng dé yì　cǐ nǎi
处 位 思 恭，　　　倾 己 勤 劳，　　以 行 德 义。此 乃

人君在位必须恭敬对待臣下，人君应孜孜不倦，推 行 德 义。这些就是

jūn　　　　　　zhī tǐ yě
君　　　　　　之 体 也。

人君治理天下时应遵守的法则了。

——节录自《永乐大典》

qiú xián piān
求 贤 篇

fú guó zhī　　kuāng fǔ　　　bì dài zhōng liáng　　　　　rèn shǐ dé
夫 国 之　　匡 辅，必 待 忠 良 。　　　任 使 得

凡是一个国家要得到匡正辅助，没有 忠良之臣是不行的，任用了贤明

rén　　　　　tiān xià zì zhì　　　　shì míng jūn　páng　qiú jùn yì
人，　　　天 下 自 治。 ……是 明 君　旁　求 俊 义，

正直的大臣，天下自然就会大治。……因此明君一定要多方寻求访察德高望

bó　fǎng　yīng xián　　sōu　yáng　cè　lòu
博 访 英 贤，搜 扬 侧 陋。

重的俊杰英贤，居于隐僻之处，地位卑微但确有才德的人也要想方设法地

bù　yǐ　bēi　　ér bú yòng　bù　yǐ　rǔ　　ér
不 以 卑 而 不 用，不 以 辱 而

将其找出来，决不能因人出身卑微而不用，也决不因人才曾受过侮辱而

bù zūn
不 尊 。

不尊重他。

gù zhōu háng zhī jué hǎi yě　bì　jiǎ ráo jí　zhī gōng　hóng hú zhī
……故 舟 航 之 绝 海 也，必 假 桡 楫 之 功； 鸿 鹄 之

……所以说船航渡海， 一定会借助船桨； 大 鸟

líng yún yě　bì　yīn yǔ hé zhī yòng　dì wáng zhī wéi　guó yě　bì
凌云也，必　因 羽翮之 用；帝 王 之 为　国也，必

凌空高飞，一定凭借着羽翼的力量；帝王欲建长治久安之邦国，也一定

jiè kuāng fǔ zhī zī　gù　　　　qiú zhī sī láo　rèn zhī　sī　yì
藉 匡 辅之资。故　　　求之斯劳， 任 之　斯　逸。

有贤才辅佐帮助。因此，如果人主辛勤寻求贤能之人，在治国时便可安逸。

zhào chē shí èr　huáng jīn lěi qiān　qǐ rú　duō shì zhī lóng
照 车十二， 黄 金 累千， 岂如　多 士 之 隆，

就算有能照亮十二车的珠宝，成千上万的黄金，怎么比得上多 得人 才，

yì xián zhī zhòng　cǐ nǎi qiú xián zhī guì yě
一 贤 之 重。此 乃 求 贤 之 贵也。

远不如求得一 个 贤 士！ 这是求贤的珍贵之处。

——节录自《永乐大典》

shěn guān piān
审 官 篇

gù míng zhǔ zhī rèn rén　rú qiǎo jiàng zhī zhì mù　zhí zhě yǐ wéi
故 明 主 之 任人，　如 巧 匠 之 制木，直者以为

所以明哲之君在用人的时候，就好比巧匠制木，直的可用来做车

yuán　　qū zhě yǐ wéi lún　　cháng zhě yǐ wéi dòng liáng duǎn zhě yǐ wéi gǒng
辕 ，曲者 以为 轮， 长 者 以为 栋 梁，短 者 以为 栱

辕， 弯的可用来做轮子，长的 就用它做栋 梁， 短的就 用它做栱

jiǎo wú　　qū zhí cháng　　duǎn　　　　　　　gè yǒu suǒ shī
角。无 曲 直 长 短，　　　　　　各 有 所 施。

角。无论弯的直的长的还是短的，都能依照适合的标准，各有 所用。

míng zhǔ zhī rèn rén　　yì yóu　　　　shì yě　　zhì zhě qǔ　　qí
明 主之 任人， 亦 由　　　是 也。 智者 取　其

明哲之君擢用人才，完全跟巧匠选用木材的道理一样。有智慧的人用他的

móu　　yú zhě　　qǔ　　qí　lì　yǒng zhě qǔ　　qí　wēi qiè zhě　qǔ
谋， 愚者 取　其 力， 勇 者 取 其 威，怯者 取

智慧，愚笨的人可以用他的力量，勇敢的人可用他的威武，胆小的人可用

qí　shèn　　wú zhì yú yǒng qiè　jiān ér yòng zhī
其 慎，无智愚勇怯，兼而用 之。

他的谨慎，不管是智愚勇怯，都可兼而用之。

——节录自《永乐大典》

纳 谏 篇

qí   yì kě guān   bù   zé qí biàn
其　　义 可 观，　不　　责 其 辩；

如果一个人的观点可取，就不必要求谏诤者分析得头头是道（因为

qí   lǐ kě yòng   bù zé qí   wén
其 理 可 用，　不 责 其　　文。

空辩不足信）；如果道理可用，就不必要求谏诤者文采优美（因为虚文
不足用）。

gù yún   zhōng zhě lì qí xīn   zhì zhě jìn qí cè   chén
故 云：　　忠 者 沥 其 心，智 者 尽 其 策。　　臣

所以说：可以使忠直者竭其忠心，使用智谋者尽献其良策。臣子对

wú gé qíng yú shàng   jūn néng   biàn zhào yú xià
无 隔 情 于 上，君 能　　遍 照 于 下。

君主没有隔阂，君主就可以至公大明而普照天下。

——节录自《永乐大典》

自鉴录
zì jiàn lù

……见 其 乘 舟, 又 谓 曰: "汝 知 舟 乎?"
jiàn qí chéng zhōu yòu wèi yuē rǔ zhī zhōu hū

……比如我见太子坐船的时候,就问他:"你懂得船是怎么一回事吗?"

对 曰: "不 知。" 曰: "舟 所 以 比 人 君, 水 所 以 比 黎 庶,
duì yuē bù zhī yuē zhōu suǒ yǐ bǐ rén jūn shuǐ suǒ yǐ bǐ lí shù

他回答说:"不知道。"我说:"船好比是人君,水好比是黎民百姓,

水 能 载 舟, 亦 能 覆 舟。 尔 方 为 人 主, 可 不 畏 惧!"
shuǐ néng zài zhōu yì néng fù zhōu ěr fāng wéi rén zhǔ kě bú wèi jù

水 能 浮载船,同时也能掀翻船。 你现在是人主, 就不能不畏惧!"

见 其 休 于 曲 木 之 下, 又 谓 曰: "汝 知
jiàn qí xiū yú qū mù zhī xià yòu wèi yuē rǔ zhī

我见到太子靠在一株弯曲的树下歇息的时候,就问他:"你知道

此 树 乎?" 对 曰: "不 知。" 曰: "此 木 虽 曲, 得
cǐ shù hū duì yuē bù zhī yuē cǐ mù suī qū dé

这棵树吗?"他答道:"不知道。"我说:"这树虽然弯曲,但如果能用

绳 则 正; 为 人 君 虽 无 道,
shéng zé zhèng wéi rén jūn suī wú dào

木工取直用的墨线固定也可以变直;同样道理,人主最初虽是平庸之君,

| shòu | | jiàn zé | | shèng | cǐ | | fù yuè suǒ |
| 受 | | 谏 则 | | 圣 | 。此 | | 傅 说 所 |

但如能虚心接受臣下的意见就可以转变为圣君。这就是古代的傅说所说的

| yán | kě yǐ | | zì jiàn |
| 言， | 可 以 | | 自 鉴。" |

话，你可以好好地拿这个话去监督自己的言行。"

——节录自《贞观政要》

读读小故事

1. 魏徵很有胆识和谋略，善于让皇帝回心转意。他总是在皇帝面前直言规劝，有时触犯龙颜，也面不改色，唐太宗也拿他没办法。魏徵曾请假回家上坟，回来后对皇帝说："听别人说，皇上打算去南山游玩，一切都已安排妥当，整装待发。但现在居然又不去了，为什么呢？"唐太宗笑答："起初确实有这样的打算，但是担心爱卿你责怪，所以就半路停下了。"

唐太宗重用魏徵，还主动和魏徵结为亲家。魏徵生活很简朴，房子也很小，唐太宗想给他大房子，被他拒绝了。

"贞观之治"的出现，魏徵功不可没。唐太宗曾把魏徵形象地比作自己的镜子，认为可以照出自己的缺点。魏徵死后，唐太宗说，自己失了一面镜子，遂为魏徵罢朝五日，还亲自为他写了碑文。（改写自《资治通鉴》）

2. 唐太宗在位的时候为了能够得到更多的人才，设立了让人才自由学习的弘文馆，希望在国家需要他们的时候，他们能够尽自己的一分力。唐太宗受到人们敬仰的另一大原因是他用人不分贵贱，以贤为唯一的标准，这就为地位低下而有能力的人提供了为国效力的机会。

3. 唐太宗是一个文武双全、英明盖世的能人，但人非圣贤，孰能无过？好在他身边有两位监督他言行的"明镜"：一为长孙皇后，另一位乃忠义贤良的魏徵。唐太宗一有过错，他们立即会巧妙地指出。

据《贞观政要》一书所载，唐太宗养了一只小鹞子，一日正在把玩，魏徵来了，唐太宗怕魏徵指责自己玩物丧志，赶快把小鹞子藏到怀中。魏徵假装没看到，故意留下来与他商谈国家大事。唐太宗心里虽为小鹞子着急，却也怕暴露，因为他信任、敬畏魏徵。等魏徵走后，太宗取出怀里心爱的小鹞子一看，它早已命归黄泉了。于是唐太宗伤心地回到后宫，大发雷霆，说："我非杀掉这个田舍翁不可！"皇后闻之，问明原委，立刻穿上礼服向唐太宗行礼道贺："恭喜陛下，贺喜陛下！唐朝有魏徵这样的好臣子，又有您这样的好皇帝，这是有史以来没有过的好现象，国家兴盛指日可待。"听她这么一说，唐太宗渐渐平息了怒气。

唐太宗常"以人为镜"，真正做到了勇于改过、从善如流。后来魏徵去世了，唐太宗惋惜地说："以铜为镜，可以正衣冠；以古为镜，可以知兴替；以人为镜，可以明得失。而今魏徵不在了，朕就少了一面镜子。"
（改写自《贞观政要》）

4. 唐太宗李世民当政期间，实行了许多新的政策，其中最著名的就是"纳谏"，鼓励大臣们提意见。提意见最出名的代表就是魏徵。

有一天，唐太宗与魏徵讨论治国之道。唐太宗问："隋朝灭亡的原因是什么？"魏徵回答说："失去民心。"唐太宗又问："人民和皇帝应当是什么关系？"魏徵说："皇帝就像一只大船，人民就是汪洋大海，大船只有在大海中才能乘风前进；但是，水能载舟，同时也能将船打翻。太上皇（李渊）举义旗推翻隋朝统治就说明了这一点。所以，作为君王要时刻记住'水能载舟，亦能覆舟'。"唐太宗再问："一位君主怎样才是明君，怎样才是昏君呢？"魏徵答道："兼听则明，偏信则暗。君王要多多听取意见，才不会被个别小人欺骗。"

唐太宗采纳了魏徵的建议，鼓励大臣们提意见，指出自己的错误。李世民博采众议，据其制定国家政策，唐朝从此走向繁荣。（故事出自《唐太宗集·自鉴录》）

古为今用

积累：我记住的训诫（漂漂亮亮书写）

_____

_____

_____

_____

我受到的启发（用心思考并写下来）

_____

_____

_____

_____

附 录

附录一　后海小学"家训读本"校本课程评价方案

一、评价的原则

课程对学生的评价要贯彻以激励为主的原则，即通过阅读传统经典家训的选读本，激发学生学习传统文化的兴趣和热情，提高学生的思想道德水平。

（一）把握评价的目的

"家训读本"校本课程评价要以促进学生文化素养的提高为目的，突出课程内容的整体性和综合性，从知识和能力、过程和方法、情感态度和价值观等几方面进行全面考查。

（二）重视激励性评价

教学过程中要充分发挥激励性评价的作用，关注学生的每一次进步，及时表扬，及时鼓励，不断激发学生学习的积极性，使学生不断拥有学习的兴趣和发展的动力。

（三）重视过程性评价

要重视对学生学习过程的评价。特别关注学生在学习过程中的兴趣、态度和情绪，使学生获得愉悦的学习体验；关注学生阅读兴趣的培养和文化视野的拓宽；关注学生把握和内化传统文化精神，形成自己的价值追求和人格内涵的过程。

（四）评价主体多元化

要重视教师对学生的评价，还要尊重学生的主体地位，指导学生开展自我评价、相互评价，并发动家长参与评价，使评价成为教师、学生、家长等多个主体共同参与的交互活动。

（五）评价内容多元化

对学生中华传世经典家训学习的评价，既要关注学生的学习过程，关注学生的学习兴趣和学习习惯，关注学生个性化的学习方式和学习要求，也要关注学生传统文化知识的积累，关注学生学习中的感悟和情感体验，同时，还要关注学生的创新精神和实践能力。

（六）评价尺度多样化

不用一个统一的尺度去评价所有的学生，承认学生发展的差异，要考虑到学生的家庭文化背景、思维个性差异等因素，考虑学生的不同起点，关注每一个学生在其原有水平上的发展。

二、评价的内容

本校本课程评价内容涉及以下五个方面：一是参与活动的课时量与态度，二是在活动中所获得的体验情况，三是知识、方法、技能掌握情况，四是思辨力和实践能力的发展情况，五是活动的收获与成果。

三、评价方法

地方课程的评价主要注重学生学习水平的评价，包括教师评价和学生自评、互评。评价每学期期末进行一次，评价表学生每人一份，评价完成后交由课题组保存。

学生校本课程评价采取等级制。

附件1

校本课程评价表

_____学年　_____学期　_____年级　学生姓名：_____

评价内容	评价等级											
	自评				互评				教师评			
	A	B	C	D	A	B	C	D	A	B	C	D
参与活动的课时量与态度												
学习中的感悟和情感体验												
传统文化知识的积累情况												
课堂表现（小组合作）												
思辨力和实践能力发展情况												
学习收获或成果												
教师综合评价等级												

说明：

1. 评价等级中自评、互评、教师评分别在相应等级栏内打"√"。

2. 教师综合评价等级分为A、B、C、D，由教师填写。

3. 由于三年级学生水平有限，可由教师指导学生进行评价。

家训读本学习成长档案（收获或成果）

学生姓名：_____

年级	等级标准	评价项目			
		熟练诵读读本篇目数	古为今用之书法	拓展读本外选读篇目	运用：讲故事
三年级	一星≥3				
	三星≥5				
	五星≥7				

年级	等级标准	评价项目			
		熟练诵读读本篇目数	古为今用之书法	与人交流心得体会篇目	运用：给别人讲家训
四年级	一星≥7				
	三星≥9				
	五星≥11				

年级	等级标准	评价项目				
		熟练诵读读本篇目数	提炼家训精髓	标准	推荐阅读	运用：思维导图画家训
五年级	一星≥11			≥3		
	三星≥13			≥5		
	五星≥15			≥7		

年级	等级标准	评价项目			
		思辨1：看出家训的时代局限性	思辨2：小组合作讨论交流次数	行动1：了解自己的家谱、家规和家风传承等	行动2：为后世子孙留家训
六年级	一星≥2				
	三星≥4				
	五星≥6				

说明:

1. 评价星级原则上由教师根据学生学习真实情况分别在相应星级栏内打"√",也可由家长进行。

2. 每年级最高星级获得者可获得相应等级荣誉证书:三年级为入门级、四年级为初级、五年级为中级、六年级为高级。

附录二　家风家训问卷调查（课题准备期）

尊敬的家长朋友：

　　您好！感谢您能在百忙之中参与我们的问卷调查。我们是后海小学中、高学段"中华经典家训"校本课程开发研究课题组，为做好本次课题特别开展调研，诚邀您参加本次问卷调查。您的意见将是我们统计的最原始资料以及深入研究的原始依据，它对我们具有很大的帮助。我们将对您的回答和您的身份保密，请不必有顾虑。为了保证调查结果的真实性，谨请您实事求是地完成全部题目。衷心感谢您的合作！

　　在□内画"√"，按实际选择。

1. 您的性别（单选）

　　□A. 男　　　　　　　　　　□B. 女

2. 您的年龄（单选）

　　□A. 22～35岁　　　　　　　□B. 35～50岁

　　□C. 50岁以上

3. 您的受教育程度（单选）

　　□A. 中专及以下学历　　　　□B. 大专学历

　　□C. 本科学历　　　　　　　□D. 本科以上学历

4. 您的家庭结构（单选）

　　□A. 与子女两代　　　　　　□B. 与父母两代

□C. 三世同堂　　　　　　□D. 四世同堂

5. 您的孩子目前就读于我校几年级？（单选）

　　□A. 三年级　　　　　　□B. 四年级

　　□C. 五年级　　　　　　□D. 六年级

6. 您的家庭有家风家训吗？（单选）

　　□A. 有　　　　　　　　□B. 没有

7. 您听说过"家风家训"这一说法吗？（单选）

　　□A. 有　　　　　　　　□B. 没有

8. 您觉得当前需要家风家训吗？（单选）

　　□A. 需要　　　　　　　□B. 不需要

9. 您觉得新时代重提家风家训的必要性大吗？（单选）

　　□A. 大　　　　　　　　□B. 不大

10. 您平时给孩子渗透家风家训的方法有哪些？（可多选）

　　□A. 为孩子读名人家训

　　□B. 推荐孩子读相关的经典家训

　　□C. 给孩子讲大道理

　　□D. 给孩子讲名人成长的故事，让孩子自悟

11. 您觉得重提家风家训对践行社会主义核心价值观有作用吗？
（单选）

　　□A. 有　　　　　　　　□B. 没有

　　□C. 不确定

12. 您了解以下哪位古人的家风家训？（可多选）

　　□A. 朱熹　　　　　　　□B. 曾国藩

　　□C. 诸葛亮　　　　　　□D. 颜之推

□E. 司马光 　　　　　　　　□F. 李世民

□G. 孟母 　　　　　　　　　□H. 范滂

□I. 欧阳修 　　　　　　　　□J. 都不了解

13. 您了解以下哪位名人的家风家训？（可多选）

□A. 鲁迅（周树人） 　　　　□B. 郭沫若

□C. 黄炎培 　　　　　　　　□D. 钱学森

□E. 陈伯吹 　　　　　　　　□F. 都不了解

14. 对于第12~13问中涉及的家风家训，您觉得孩子在小学阶段最应该读的是哪一类？（可多选）

□A. 古人的家风家训

□B. 名人的家风家训

15. 以下两类家风家训，您觉得哪一类是最需要学校教师引领着学习的？（可多选）

□A. 古人的家风家训

□B. 名人的家风家训

16. 如果您的家庭有家风家训，您的家风家训主要体现在哪些方面？（可多选）

□A. 为人处世 　　　　　　　□B. 思想精神

□C. 教育学习 　　　　　　　□D. 生活习惯

□E. 尊老爱幼 　　　　　　　□F. 爱国护家

□G. 其他_____（请填充）

17. 您觉得家风家训对于现代社会的意义体现在哪些方面？（可多选）

□A. 改善社会风气

□B. 弘扬传统文化

□C. 加强精神文明建设

□D. 提高公民思想道德水平

□E. 没有什么意义

□F. 其他_____

附录三 后海小学"中、高年级中华传世经典家训学习"之家庭文化建设活动

"晒家风·评家训"问卷调查表（课题结题阶段）

班级：　　　　　　　姓名：

提示：在□内画"√"，答案按实际选择，部分可多选。

1. 你的性别：

　　□A. 男　　　　　　□B. 女

2. 你的名字蕴含了家人怎样的希望?

　　□A. 快快乐乐

　　□B. 自立自强，有一番作为

　　□C. 做一个普通人，平静地度过一生

　　□D. 文质兼备

　　□E. 长得漂亮/帅气

　　□F. 叫起来顺耳

　　□G. 有家谱

　　□H. 其他

3. 你能准确说出你家的家风家训吗?

　　□A. 能　　　　　　□B. 能说出一部分

□C. 比较模糊 　　　　　□D. 不能

4. 你家的家风家训主要是哪方面的？

　　□A. 诚信善良 　　　　　□B. 勤奋

　　□C. 脚踏实地 　　　　　□D. 民主

　　□E. 爱国 　　　　　　　□F. 敬业

　　□G. 友善 　　　　　　　□H. 守信

　　□I. 勤俭节约 　　　　　□J. 自强自立

　　□K. 其他

5. 你们家哪位长辈在家风家规建设方面起到关键性作用？

　　□A. 爷爷（姥爷） 　　　□B. 奶奶（外婆）

　　□C. 爸爸 　　　　　　　□D. 妈妈

6. 你的学习动力来源于哪些方面？

　　□A. 家庭的期望，家人希望我有所成就

　　□B. 自身对知识的渴望，希望提高自己的综合素质

　　□C. 希望学有所成，报效国家

　　□D. 希望找到一个好工作，自己的社会价值得到体现

　　□E. 其他

7. 父母经常鼓励你从哪些方面提升自己的能力？

　　□A. 实践活动 　　　　　□B. 增加阅读

　　□C. 学习 　　　　　　　□D. 其他

8. 你哪些方面父母日常言行影响最大？

　　□A. 勤俭持家 　　　　　□B. 乐观向上

　　□C. 善待他人和环境 　　□D. 遵纪守法

　　□E. 热爱生活 　　　　　□F. 持之以恒地去努力

□J. 其他

9. 你认为积极的家风家规对小学生有何意义？

　□A. 有利于培养良好的社会氛围

　□B. 提高小学生道德素质

　□C. 引导小学生自觉承担社会、家庭责任

　□D. 培养知荣辱、讲正气、讲奉献、促和谐的良好风尚

　□E. 其他

10. 请用关键词简述你的家风家训。

_____

_____

_____

建议：该问卷以网络调查方式发布。

附录四 《中华传世经典家训：选读》班级诵读活动主持词

甲：阅读经典，诵读不衰。

乙：传承文化，智慧永存。

甲：尊敬的领导、老师——

乙：亲爱的家长、同学们——

齐：大家好！

甲：在这美好的时刻，我们在此隆重聚会，开展《中华传世经典家训：选读》班级诵读活动。

乙：读千古美文，扬传统文化，与经典相伴，与圣贤同行。

甲：中华经典，是中华民族在五千年的漫长岁月中所积淀流传下来的具有典范性、权威性的著作。

乙：传世家训，是中华民族历史长河中最能体现智慧和美德的文献。

甲：诵读经典、了解经典，与先哲对话，是对我校"创立书香校园 传承民族精神"的宣扬和启迪。

乙：诵读家训，了解家风，与智慧同行，是管丽名师工作室研究立德树人根本任务落地的"小切口"。

甲：愿同学们把经典家训中的中华民族深厚的文化渊源和人文精粹有声有色地展示出来。

乙：愿同学们在展示经典家训的同时也能感受到生命的厚重与永恒。

齐：后海小学《中华传世经典家训：选读》班级诵读展示活动现在开始。

甲：我们的祖国历史悠久，都有哪些朝代呢？请听学习组长齐诵《朝代歌》。

乙：我们的文化璀璨绚丽，春秋战国时期有一位伟大的思想大儒，他叫孟轲，他的母亲给过他什么训诫？请看楚然组表演的《孟母家训》。

（齐诵《孔融家训》，再诵《曹操家训》）

甲：东汉末年分三国，走出了智圣诸葛亮，请看柏桐演读的《诸葛亮家训》。

（齐诵《颜氏家训》，再诵《元稹家训》）

乙：大唐鼎盛，太宗开创，请看梓妍和她的小伙伴反串演诵《李世民帝范》。

甲：秦皇汉武，唐宗宋祖，让我们走进两宋，请看男女生读有关智慧美德的家训。

（女生齐诵《范仲淹家训》，男生齐诵《司马光家训》，女生再诵《欧阳修母郑氏家训》，男生再诵《欧阳修家训》）

甲：我们在一篇篇家训中明白了勤俭持家、邻里和睦的美好。

乙：我们在一篇篇家训中懂得了奋发努力、尊敬师长的重要。

甲：我们的爸爸妈妈也陪着我们一起诵读，下面请看爸爸妈妈们分享的陪读心得视频！

乙：原来读家训能有这么多启发！我们也要在读中思考，并将思考所得用在生活中。

甲：你知道六年级也有两个班学习了管老师主编的《中华传世经典家

训：选读》吗？

乙：知道啊！是六一班和六三班。我们请出他们两个班的代表为我们诵读《朱子家训》好吗？请掌声欢迎！

甲：朱用纯，号柏庐，是被历代士大夫尊为"治家之经"的《朱子家训》的训主，他仅用524个字，就精辟地阐明了修身治家之道。

乙：对，它又叫《朱子治家格言》。那我们全班一起来诵读，去领略优秀的中国传统文化，有请领读嘉宸同学。

（齐诵《朱子治家格言》）

甲：寻着历史的足迹，倾听先贤的教导。

乙：吟诵圣人的篇章，汲取文化的营养。

甲：品味书香，传承文明。

乙：涵养美德，充盈人生。活动最后一项，有请校长和老师们为同学们颁发学习证书！

甲：后海小学《中华传世经典家训：选读》班级诵读活动——

齐：到此结束！老师们，同学们，再见！

附：学习证书如下。

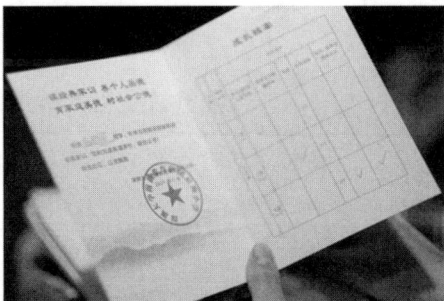

《中华传世经典家训：选读》学习证书

附录五 **吟诵经典家训传承中华文明**①

"小学中高段'中华传世经典家训'校本课程开发的研究"课题结题报告

深圳大学附属教育集团后海小学　管丽

一、课题提出

（一）课题研究是基于以下几点目标的思考

（1）结合国家"立德树人"、"双减"政策、义务教育语文课程性质和学校"家校共育"办学特色。

以语文学科落实国家意志，选择"中华传世经典家训"为主要研究内容开发校本课程，主动"做强做优校内教育"，"切实做到教师应教尽教"，"强化学校教育的主阵地"，以实现学校教育引导促进家庭教育，落实国家"双减"政策。

（2）充分体现教育以人为本，以学科教学培养学生核心素养。

在国家课程的框架下，根据义务教育语文课程标准的年段目标要求，

---

① 本文系2021年度深圳市陶行知研究会重点课题"小学中高段'中华经典家训'校本课程开发的研究"（课题编号：STH20210105）的成果。

分年段统整开发出"中华传世经典家训"三类校本课程体系：从认知经典诵读家训，到引导行为和情感的经典家训家校共育，再到侧重于开发思维、确立信念的语文学科拓展课程。该课程体系为学生今后的学习生活打下基础。

（3）落实南山区管丽名教师工作室三年规划。

作为南山区语文名教师工作室之一，管丽名师工作室多年来以"三文课程"为主研方向，将文化根植于心，落实于行动，打造教研共同体，辐射引领。在中高段以"中华传世经典家训"为主要内容研究开发校本课程，构建教学评价体系，直接促进教师的文化修养和教学教研能力提升，实现工作室培养目标。

（二）讲究过程及成果

本课题研究起始于2021年3月，规划研究的历程包括准备、申报、实施、总结和推广应用五个阶段，形成的课题物化成果有：论文《中华传统家训促进家校共育的可行性研究》、校本教材《中华传世家训小学生选读本》（后海）及其教学视频等。

二、课题提出背景、拟研究的问题

（一）课题提出背景

1. 义务教育语文教学要求

《义务教育语文课程标准（2011年版）》提到："语文课程对继承和弘扬中华民族优秀文化传统和革命传统，增强民族文化认同感，增强民族凝聚力和创造力具有不可替代的优势。"传世经典家训是古代优秀文化成果的代表之一，在小学语文部编版教材中主要以"格言"方式零散呈现于语文园地"日积月累"中，经典家训内容不系统，需适度补充，以形成相对完整的体系。

2. 国家政策导航

为党育才，为国育人。当前，落实"立德树人"根本任务，将"双减""家校共育"等教育政策、方针落实好非常关键。时代在发展，党的十六大报告指出："面对世界范围各种思想文化的相互激荡，必须把弘扬和培育民族精神作为文化建设极为重要的任务，纳入国民教育全过程，纳入精神文明建设全过程，使全体人民始终保持昂扬向上的精神状态。"小学生可以通过中国传统文化了解祖国的灿烂文化和悠久历史，在灵魂深处夯筑起民族文化殿堂的基础，进而增强民族自豪感。2021年3月，习近平总书记在参加医疗卫生界、教育界委员联组会时说："教育，无论学校教育还是家庭教育，都不能过于注重分数。分数是一时之得，要从一生的成长目标来看。如果最后没有形成健康成熟的人格，那是不合格的。"作为中国传统文化的重要组成部分，中华传世经典家训直接反映传统家庭教育精髓，格言式体现着"立德树人"的文化价值。

3. 工作室工作规划

"育才造士，为国之本。"教师做的是传播知识、传播思想、传播真理的工作，做的是塑造灵魂、塑造生命、塑造人的工作。2016年12月7日，习近平总书记在全国高校思想政治工作会议上指出，教师不能只做传授书本知识的教书匠，而要成为塑造学生品格、品行、品位的"大先生"。管丽（南山区）名教师工作室是以语文学科为主的教研团队，成立之初规划目标为开发"三文"课程，即以文字、文学和文化课程的开发，引领一批有情怀的语文教师综合提升。"中华传世经典家训"是工作室"三文"课程之一，并统整开发为校本课程。"扬精华，去糟粕，以之培养学生思维"是工作室的重要使命之一，工作室通过师生共研来筛选"内容适宜"的传世家训，合成小学生读本。

4. 学校办学育人目标重点

快乐阅读和家校共育模式是我校办学特色，但在具体的推进和管理中相对"割裂"，"中华传世经典家训"校本课程的开发正好贴合"传统文化重点融入阅读，家校共育同写后海家书"的学校办学育人重点，通过统整研发补强，将更完整、更体系化呈现学校的办学特色。

基于上述几点，我们提出了以"传世经典家训"为内容的校本课程开发和研究。

（二）拟研究的核心问题

（1）在儿童视野下融合"立德树人"和"传统文化进课程"的时代背景，以教师指导学生，师生共同构建内容研发团队，确定适宜小学中高段学生的课程内容有哪些，最终以《中华传世经典家训选读本》呈现成果。

（2）强化学校教育主阵地作用。工作室通过课程内容开发和评价体系建构，引领家庭读起来、思起来和动起来，联动研究中华传世经典家训在学生核心素养提高和家校共育及立德树人方面的实效性和影响力，以及学生和家长能有哪些收获，最终以问卷方式呈现效果。

（3）体现国家意志校本化。在课程实施行动研究中，基于国家课程标准实现同一本教材的分层教学，不同年段不同目标，统整开发"中华传世经典家训"三类校本课程体系，最终以学业等级证书呈现效果。

（4）以名师工作室构建教研共同体，辐射引领，打造优质教师队伍，在专家指导中不断完善、统整"中华传世经典家训"校本课程体系构建和评价体系构建。

总之，本课题为学校文化育人、立德树人和家校共育提供了可行性方案。

三、核心概念界定

本课题的核心概念共有四个关键词："家训""中华传世经典家训""校本课程""课程开发"。因研究侧重点，仅对"家训"和"中华传世经典家训"做翔实界定，而对"校本课程"和"课程开发"两概念只解说本课题特指的部分内容。

（一）家训

"家训"的解释古已有之，参照代表性的古籍解释如下。

《说文解字注》将"家"解释为象形会意字，本义指猪舍，引申为人住的房子；"训"为"说教也。说教者，说释而教之，必顺其理，引申之凡顺皆曰训。""家训"可解释为家人的说教。

《辞源》和《辞海》分别定义家训为"父母的教导""家训：①父母对子女的训导。②父祖为子孙写的训导之辞。"，解释比较类似。

《中华百科全书》解释较为详细，不仅点明了家训的作用、特点，而且指出了家训的来源及演变趋势："家训，本治家立身之言，用以垂训子孙者也。……陈振孙认为：古今家训，以《颜氏家训》为祖。至家训文学之来源，终有三端……唐以降，家主文学特盛，然往往但备伦理，而乏文采。有宋以后，益以理学激荡，家训乃成说教之工具。"

从不同的释义中我们可以归纳总结出家训的共同含义，即家训是在古代家庭或家族中，父母、长辈对子孙后代以及其他家族成员的教导、规劝与训诫。就其性质而言，家训不仅是一种家庭教育形式，也是一种社会教化工具及传统文化体裁；就其内容而言，家训涵盖了修身、治家、处世、勉学、为官、交友、治生等多个方面；就其范围而言，家诫、家规、家法、家范、乡规、乡约、族规、庭训等都属于家训；就其形式而言，有规章、条例、诗词、散文、书信格言、遗言等。

本课题研究的"家训"不探究其特点、来源、范围、形式和演变趋势等，只关注其文本的内容和作用。

（二）中华传世经典家训

经典家训不仅蕴含着丰富的家庭教育观，还是社会整体变迁留下的文化烙印，集中反映了某个特定时代的精神。本课题所说的中华传世经典家训共有三个特指：其一由苏智恒主编的中华国学经典《中华传世家训》，是本课题蓝本；其二是"家训之祖"的《颜氏家训》、"治家之经"的《朱子家训》及小学生所知名人的家训；其三是经过师生共同研讨后作为本校学生和家长共读的家训篇目。

（三）校本课程

"校本课程"是一个外来语，本课题所列校本课程是立足于国家政策倡导、语文学科教学文化育人、学校发展特色和工作室规划等多层面统一确定的课程。

（四）课程开发

课程开发主要包括课程目标、课程内容、课程实施和课程评价四个环节，一般可遵循四个原则：多元性、实践性、趣味性和灵活性。本课题开发的课程以"家训"为中心内容，多元开发其语文核心素养、"立德树人"和"家校共育"价值，形成成果。

四、研究的现实意义

（一）国内研究现状述评

学者和专家对传统文化诠释的角度主要集中于内在的文化结构，虽然精神领域的文化内涵和价值是丰富的，但是对学校教育如何传承优秀传统文化所论不详。家训将是解答传统文化进校园这一教育命题的最好内容之一。作为传统文化重要内容的传世家训在"立德树人"目标推动下，有多少研究呢？在中国知网中，以关键词"中华经典家训""立德树人""家训""小学"和"小学语文"进行组合搜索，结果见下表。

知网关键词（2021年2月）搜索列表

关键词	学术期刊（篇）	学位论文（篇）
中华经典家训	2	1
立德树人、家训	1225	46
立德树人、家训、小学	20	1
立德树人、家训、小学语文	5	0

以此可见，先辈留给后人的为人处世宝典，在目前的义务教育中，尤其是小学阶段重视度不高，本可以作为语文教学素材的家训，在小学语文学科教学研究中更是严重缺失。

（二）国外研究现状述评

随着中国国力增强，汉语的影响力也在与日俱增，国外研究中华传统文化的机构和个人虽然越来越多，但是均未能触及"义务教育"领域，且因为思维习惯和审美情趣的差异性，国外的研究对于中华传统文化的内核、精髓诠释等较少涉及。

纵观当前国内外研究不难发现，家训研究中存在三点问题：第一，更突出"传统家训"，而不是"传世经典家训"，且研究路径比较混乱；第二，研究更多着眼于文化层面，在文字和文学方面考量较少，更缺少将传世家训与义务教育相联系的深入研究；第三，在文化层面的研究中，对"中华传世经典家训文化"的概念少有揭示，对学校借之以实现"立德树人"根本育人目标的教育模式和路径几乎没有涉及。

综上，以"经典家训"为"小切口"开发和研究校本课程，能将传统文化与时代教育、家训与学校育人、教材开发与教师成长等相结合。小学中、高年级的孩子与家长可以通过学习该课题研发的《中华传世经典家训选读本》来领略古人整齐家风、修身为人的风尚，从而找到扣好人生第一粒扣子的文化诠释最佳方式，在此基础上关注自身和自家，塑造个体人格和家庭美德，为幸福人生奠基。课题组教师通过认真研读政策、标准、文献及领悟教育真谛，提升自己的文化修养、专业素养和教育情怀。

五、研究创新之处、理论意义、实践价值

（一）研究创新之处

1. 基于儿童视野开发校本课程教材

校本教材《中华传世经典家训：选读》的内容由名师确定，标准由教师把控，指导六年级学生参研，取舍定篇目、内容，再由课题组教师依据学生发展需要设计体例，组织编撰印发。

同一教材分层教学呈现年段学习效果和成果。

在国家课程的框架下，根据义务教育语文课程标准的年段目标，统整开发三类校本课程体系和评价方案：中年段侧重认知的经典诵读家训课程，五年级侧重引导行为和情感的经典家训家校共育课程，六年级侧重于开发思维、确立信念的语文学科拓展课程。分级评价促进学生核心素养的形成和发展，为其今后学习生活打下基础。

2. 经典家训实现学校教育引导促进家庭教育

本课题契合国家"双减"政策精神，主动做强做优校内教育，健全学校教育质量服务体系，切实做到教师应教尽教、学生学足学好，以家长乐于接受的"中华传世经典家训"课程资源强化学校的教育主阵地作用。学

生和家长共读《中华传世经典家训：选读》，文化滋养下，家长有文本可凭借，取得言传身教最佳效果，从而与孩子共同成长。

（二）理论意义

本课题具有以下理论意义。

首先，中国文化基本以儒家思想为纲领和核心内容，传世经典家训多为训主结合自身经验和家族发展对儒学进行的适度解释和引申，结合小我成长与国家发展，打通了传统文化和时代精神的通道，家国情怀润物无声。

其次，传统传世家训主张通过"循理以化之，积诚以感之"的说理方法训示教诫子孙。学生通过诵读、理解和参加相关的活动体会"传世家训"的思想要义，在与父母互动过程中印证自己的理解和体会，从而内外因相互作用地发展自己的心智。

最后，"教师即研究者"。本课题主张教师是校本课程的开发主体之一，研究过程中要重视行动研究和反思性探索。通过课程开发，促进教师的专业成长和综合能力全面提升。

（三）实践价值

本课题研究的实践价值有以下三点具体体现。

1. 传世家训思想内容的指导价值

传统社会缺乏规范的学校教育体制，家训无疑是教子良方。在其作用下，人成长为一个德行完备的君子，立足社会，让家族壮大发展。当下，学校教育当不囿于"家"的局限，发挥传统家训的积极作用，以家训激励学生主动秉承优良品德，约束自身言行，帮助学生和家长提高道德修养，促使优秀的中华精神品质世代延续。同时，传世经典家训思想内容的指导价值可直接促进学生成长，激发学生文化兴趣，间接促进家庭和谐，家长受文化熏陶，将不断完善自身，言传身教，家庭和睦，实现上行下效的教育常态化。传世经典家训在一定程度上为现代家庭教育提供了理论支持。

2. 文本的熏陶价值

传统家训在几千年的演变过程中，经历了口语化、碎片化到系统化的过程，逐渐形成了独特的理论，其文本以文言文的形式呈现，多言简意赅。在校本课程教材编写中，工作室基于儿童视角遴选以格言式、警言式为主，读起来不拗口的传统家训。因内容主要为人生经验、处世法则、立身之法等，传统家训很容易被学生诵读和理解，不但可以增强学生古文语感，还可以增强其文化自信。

3. 课题研究的学术价值和专业影响价值

文本的熏陶价值直接带来学术成果效益：课题组教师与参与课题课程的学生共研共编了带有学校特色的《中华传世经典家训选读本》，学生自书《我为后世子孙写家训》，同时课题组教师建立"中华传世家训"教学资源库。这些填补了目前小学阶段传世家训进课程的空白。

本课题研究凝聚了工作室团队精神，促进工作室教师教学教研质量的提高，构建了促进教师成长的培养模式，从而为后海小学乃至南山区教师培养提供备选方案，同时加强了师资队伍建设，提升了教师的文化素养。

六、研究目标、研究内容

（一）研究目标

以"立德树人"和"传统文化进校园"为导向，在深圳释放"双区驱动效应"加大教育支持力度和本校研究探索"家校共育"新途径的背景下，在南山区"以名师工作室培养教师队伍"模式引领下，基于儿童视角"存精华去糟粕"，由名师甄选《中华传世家训》为蓝本，教师遴选经典篇章，学生参研取舍内容，编写出最适宜小学生阅读的《中华传世经典家训：选读》。教学中，立足思维发展开展诵读传世经典家训课程，促成学生认知、行为、情感和信念的正向提升；评价导航，提供家校共育的优质课程，家校联动推广诵读"中华传世经典家训"。

（二）研究内容

（1）确定适合小学生阅读的"中华传世经典家训"有哪些篇章，做好文献研究，适当取舍。

（2）研讨怎么读"中华传世经典家训"才能汲取其（文字、文学和文化）营养，同时开发校本课程教材，构建课程评价体系。

（3）研讨"中华传世经典家训"能从哪些方面促进个人发展，做好家校共育指导。

（4）对"中华传世经典家训"的文化熏陶能带来多少生命价值进行研讨，并开展校本课程学习成果展示活动。

七、研究方法、技术路线

（一）研究方法

研究方法包括文献研究法、头脑风暴法、行动研究法和资料整理法等。

（二）技术路线

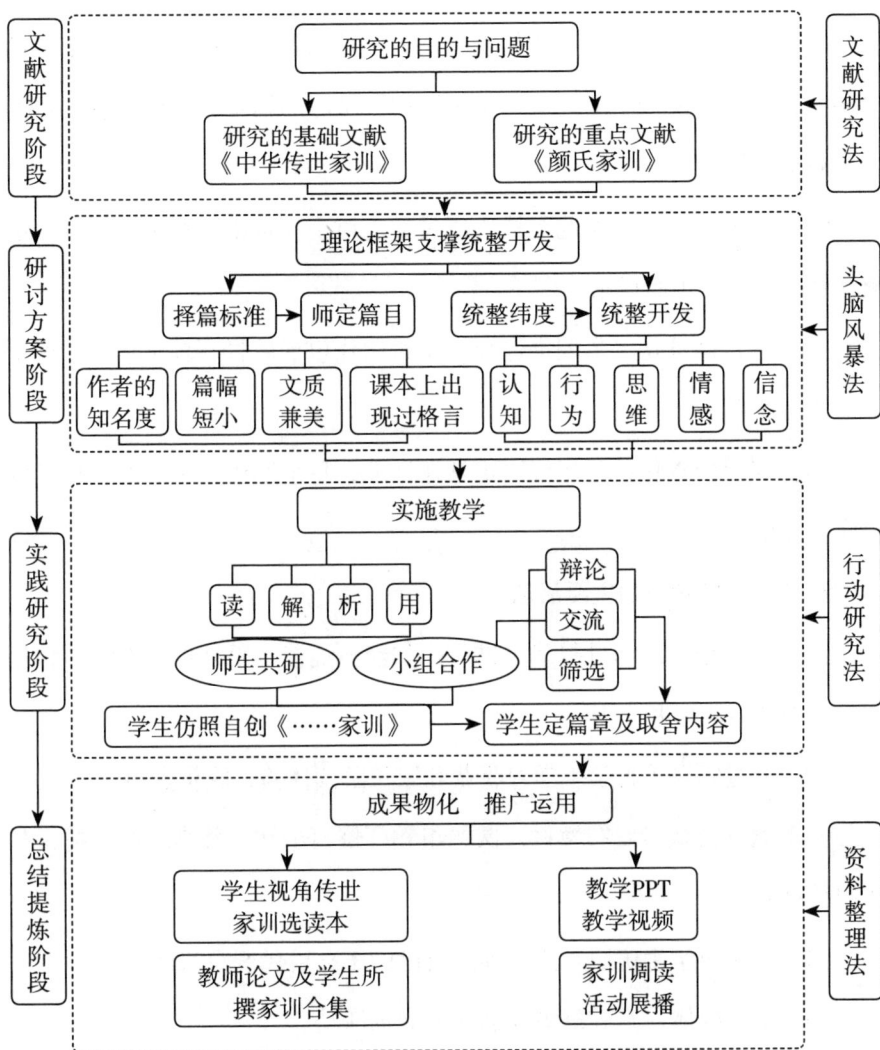

左侧阶段标注（自上而下）：文献研究阶段、研讨方案阶段、实践研究阶段、总结提炼阶段

右侧方法标注（自上而下）：文献研究法、头脑风暴法、行动研究法、资料整理法

文献研究阶段：
研究的目的与问题
→ 研究的基础文献《中华传世家训》
→ 研究的重点文献《颜氏家训》

研讨方案阶段：
理论框架支撑统整开发
→ 择篇标准、师定篇目、统整纬度、统整开发
择篇标准：作者的知名度、篇幅短小、文质兼美、课本上出现过格言
统整开发：认知、行为、思维、情感、信念

实践研究阶段：
实施教学
读、解、析、用
师生共研、小组合作
辩论、交流、筛选
学生仿照自创《……家训》 → 学生定篇章及取舍内容

总结提炼阶段：
成果物化 推广运用
学生视角传世家训选读本、教学PPT教学视频
教师论文及学生所撰家训合集、家训调读活动展播

课题研究技术路线图

（三）研究过程

本课题研究共经历了四个阶段，依次是文献研究阶段、研讨方案阶段、实践方案阶段和总结提炼阶段。其中前两个阶段主要是为立项及实施

做准备，课题立项后，进入实践研究和总结提炼两个阶段。

1. 实践研究阶段的主要活动

（1）内容研讨：在《中华传世家训》中选名篇实施教学，引导学生通过小组合作选出适合小学三至六年级诵读、学习的篇章，形成儿童视角的校本教材的初稿。

（2）成书体例：由课题组核心成员交流讨论并定出教材编撰体例，统整文样、校验，出版成书。

（3）课程体系化：中期推进会，研讨构建包括教材、教学和教学评价等的课程体系。

（4）课程校本化：分年级制定学业标准，每学期依据学生的表现颁发相应学习证书。

2. 总结提炼阶段的主要活动

（1）开展相关活动进行成果推广，如经典诵读、手抄报、书法等，呈现学生的学习成果和心得。

（2）通过问卷了解学生学习收获和家长陪读体验，收集资料。

（3）通过公众号发布教材，课题组教师撰写论文，并支援有兴趣一起使用教材的学校。

（4）六年级学生仿照经典家训为自己的子孙后代撰写家训。

（5）邀约媒体，开展班级齐诵家训展示活动。

九、研究结论、研究成效

（一）重"三文"小学语文教学

传世经典家训承载着极为丰富的传统文化元素，本研究是在学生认知水平的基础上进行传统文化的渗透，不仅能够使学生的语文素养得到提升，更可以让中华民族精神得到传承，让学生更好地领悟传统文化的价值。因此，《中华传世经典家训：选读》中设置了训主简介、推荐理由和读读小故事等板块，诵读的具体篇目下配有注释。读本是小学生文言文入门读物，极大地丰富了学生的文言文语库。课堂上，在熟读成诵后，教师将引导学生通过各种方式演绎其中经典思想，做到学以致用，提高学生对中华传统文化的自觉意识和自信。

可以说，学习传世经典家训，就是在学习传统文化中感受汉字之美，就是在有效提升教师教学质量，促进传统文化的传播，增强小学生民族自尊心与自信心。

（二）引领家庭教育

经典家训原本就是家庭教育的思想体现，当我们以课程的方式将经典家训重新带入家庭，将加强家庭的教化功能，促成优质家庭教育。本读本入编篇章完全符合时代要求，在当下依然焕发着活力和生命力，其中最为典型的家训有五种：①孝友家风：注重培养孝顺父母、尊敬长辈、友爱兄弟的德行，使人在日常生活中尊老爱幼、为人友善；②勤俭家风：勉励人勤于学业、耕作和经商等，以此立身丰家；③耕读家风：教诫人在读书耕作的过程中强身健体、涵养德行、增长知识，这正好呼应了德智体美劳全面发展的人才目标；④清白家风：重视家风清白，"严以修身、不为自己谋私利，严以治家、不为家人谋私利"，培养孩子独立、努力的品格；⑤忠信家风：重视的是精忠报国、与人为善品德的培养，使孩子在社会生活中忠贞报国、处世忠厚。这些家训把个人的成长与国家发展相联系，为孩子未来奠基，牵引着家庭教育的正确导向。可见，一本家训精读本可以说对家庭教育有润物细无声的作用。

（三）引领教师专业成长效果

本课题选题立足语文学科，兼具育人功能。开发课程资源的过程中，凝聚工作室团队精神，促进工作室教师教学教研质量的提高，构建工作室促进教师成长的培养模式，从而为后海小学乃至南山区教师培养提供备选方案。同时，开发研究文化课程能够提升教师的文化素养，为年轻教师落实"立德树人"的根本育人目标提供了抓手，从而提升教师的思想高度，加强师资队伍建设。

（四）实现"儿童视野"的可行性

小学教育要看得见儿童，同时，国家十分重视弘扬优秀传统文化，将这二者结合就是要在儿童视野下弘扬和传播传统文化。本课题就是寻找路径让学校和学生共同完成这项工作，最终物化成果即校本教材《中华传世经典家训：选读》。

本课程内容的开发过程和结果让我们教育者更加明确"儿童视野"绝不能停留在字面上，要以尊重儿童为基础去进行积极的实践。课堂教学渗透文化经典不能"表面灌输"，而要启发学生，"不愤不启，不悱不发"，使学在领悟过程中达到"引经据典""旁征博引""举一反三""牵一发而动全身"，让课堂充满思维的火花和经典文化的馨香。

"少年智，则国智，少年强，则国强"，要让我国穿越千年的经典传统文化永久熠熠生辉，让其深厚的内涵和旺盛的生命力为更多孩子吸收，教师协助学生共同做研究，在研究过程中，经典富含令人深思的文化，蕴含的浓浓家国情怀和中华精神要义会潜移默化地发挥其作用，这在学生仿照家训创作的《我为子孙留家训》中得到了充分体现。

参考文献：

［1］中华人民共和国教育部.义务教育语文课程标准（2011年版）

［M］.北京：北京师范大学出版社，2012.

［2］雷诺兹，韦伯.课程理论新突破——课程研究航线的解构与重构

［M］.张文军，译.杭州：浙江教育出版社，2008.

［3］吴晓棠.立德树人理念融入学科教学的探索［J］.中国教师，

2021（2）：96-97.

［4］安丽梅.传统家训立德树人方法［N］.北京日报，2019-12-16.

［5］孙泊，陈瑶.中华传统经典家训的思想要义及其文化意蕴［J］.

广西社会科学，2019（8）：142-146.

［6］张培霞.在小学语文教学中渗透中华传统文化的方式［N］.科学

导报，2018-03-16.

［7］李福宏.让文化自信馨香课堂——经典文化的力量［J］.中学政

治教学参考，2018（23）：39-40.

［8］李淑敏.中华优秀传统家训文化传承发展研究［D］.长春：吉林

大学，2020.

［9］段玉裁.说文解字注［M］.上海：上海古籍出版社，1988.

［10］陈至立.辞海［M］.7版.上海：上海辞书出版社，2022.

［11］中华百科全书编委会.中华百科全书［M］.北京：中国大百科全

书出版社，2016.

［12］李佳娟.新时代家风构建研究［D］.苏州：苏州大学，2020.

后 记

　　随着《中华传世经典家训：选读》的编纂工作接近尾声，我感慨万分：这是我第一次作为主编指导包含学生和老师在内的一个团队，虽因经验的匮乏而走了不少弯路，但作为一线教师，能将为学生人生启蒙挑选最适宜的经典文化内容的心愿变成现实，看着学生手捧着我们团队精心编撰的读本诵读的喜爱神情，我感到十分欣喜——这部书不仅是对中国传统家庭教育的一次深入挖掘和整理，更是一次以教育引领的方式对中华优秀传统文化的传承与弘扬。

　　在编纂过程中，我们力求精选历代家训中的经典之作，更从儿童立场出发匹配甄选，把家训文化中所蕴藏的"仁爱""性善""勤俭持家""诚信为人"等不受时代局限的美好品行与时代价值勾连，让孩子读经典、传文化。书中所选家训，既是先人对后人的谆谆教诲，也是我们今天为人处世的重要准则。

　　在筛选和整理这些家训时，我们深感中华文化的博大精深，精神上再次被洗礼：每一则家训背后，都蕴含着深厚的历史底蕴和人文精神。这些家训不仅是古人智慧的结晶，也是我们今天应该珍视和传承的宝贵财富。

　　由于家训文化历史悠久，文献众多，如何在众多的家训中挑选出最具代表性和时代价值的作品，是一项非常艰巨的任务。管丽（南山区）名师工作室接受这一挑战，以此为切入口做课题研究，以学习共同体的姿态抱团成长。其中成长最为突出的是黄慧、张璐和陈丹三位老师，还有我的学生王溢涵、袁志通、杜思阳、李雨晴、袁筱涵、林怡丹、刘子涵、易显承、彭楚轩、洪禾和熊佳鑫等。课题研究的每个阶段都获得了教育学者和专家的指导，在此特别感谢深圳大学大湾区教育研究院院长赵明仁博士，全国知名校长、特级教师吴希福校长和深圳市第三届名教师江长冰校长等。甄选家训的工作让我们更加深入地了解了家训文化的内涵和价值，也让我们更加坚定了传承和弘扬中华优秀传统文化的信念。

在此，我要感谢后海小学陈海平校长、车迪主任等领导，他们给予了工作室实质性的支持和帮助，保障了这本高品质书的出版；感谢所有参与本书内容讨论、编纂的老师和工作人员，是你们的辛勤付出和智慧贡献，才让这本书顺利完成。同时，我也要感谢所有读者，尤其是广东省河源市连平县三角镇中心小学六年级的孩子，广东省深圳市南山区深圳大学附属教育集团后海小学张柏桐的妈妈、刘晨晨的爸爸、郭芷君的妈妈等家长代表，谢谢你们对此书的关注和喜爱。

展望未来，我希望《中华传世经典家训：选读》能够成为连接传统与现代的桥梁，让更多的孩子了解和认识中华优秀传统文化，从中汲取智慧和力量。同时，我也期待未来能够有更多一线老师和家长加入我们的行列，共同为中华优秀传统文化的传承和创新贡献自己的力量。

最后，我想说，家训文化是中华民族的重要精神财富，我们应该倍加珍惜和传承。让我们共同携手，为传承和弘扬中华优秀传统文化而努力！

管丽

2024年5月31日